创新联合体

建设运行与政策制度研究

晏 强◎著

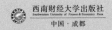

西南财经大学出版社
Southwestern University of Finance & Economics Press

中国·成都

图书在版编目(CIP)数据

创新联合体建设运行与政策制度研究/晏强著.—成都:西南财经大学
出版社,2024.5
ISBN 978-7-5504-6196-3

Ⅰ.①创⋯ Ⅱ.①晏⋯ Ⅲ.①科学技术—技术革新—研究—中国
Ⅳ.①G322

中国国家版本馆 CIP 数据核字(2024)第 099985 号

创新联合体建设运行与政策制度研究

晏强 著

策划编辑:何春梅
责任编辑:李 才
助理编辑:陈进栩
责任校对:邓嘉玲
封面设计:何东琳设计工作室
责任印制:朱曼丽

出版发行	西南财经大学出版社(四川省成都市光华村街55号)
网 址	http://cbs.swufe.edu.cn
电子邮件	bookcj@swufe.cn
邮政编码	610074
电 话	028-87353785
照 排	四川胜翔数码印务设计有限公司
印 刷	四川五洲彩印有限责任公司
成品尺寸	170 mm×240 mm
印 张	10.25
字 数	158 千字
版 次	2024 年 5 月第 1 版
印 次	2024 年 5 月第 1 次印刷
书 号	ISBN 978-7-5504-6196-3
定 价	58.00 元

前言

　　科技现代化支撑和引领中国式现代化。改革开放40多年以来，我国经济社会持续快速发展，创新要素加速培育，创新能力不断提高，科学技术水平大幅跃升，持续推动产业链、创新链、价值链深度耦合。随着全球化的深入发展，科技竞争日益加剧，科技创新已经成为推动经济社会发展的关键动力。进入新时代，科技创新成为我国重要的发展变量。当前，国内外环境正在发生深刻复杂变化，这对我国建设世界科技强国的宏伟目标提出严峻挑战。为了在全球创新网络中占据有利位置，我国需要构建高效、协同的创新体系，以适应新的国际形势和经济市场需求。

　　新一轮科技革命和产业变革深入发展，提升创新能力成为主要国家间竞争的战略高地。为了应对复杂的国际竞争形势、实现高水平科技自立自强，2018年7月中央财经委员会第二次会议首次提出建设"创新联合体"这一创新型组织，2020年10月《中共中央关于制定国民经济和社会发展第十四个五年规划和二〇三五年远景目标的建议》中提出"推进产学研深度融合，支持企业牵头组建创新联合体，承担国家重大科技项目"，2022年10月党的二十大报告中指出"加强企业主导的产学研深度融合，强化目标导向，提高科技成果转化和产业化水平"，这些都表明在当前国际形势下，创新联合体作为一种重要的创新组织形式，对提升国家创新能力和国际竞争力具有关键作用。创新联合体作为一种新型的创新组织形式，是适应全球化趋势、推动产业升级转型、整合优化创新资源的重要举措。本书围绕创新联合体建设运行与政策制度开展研究，深入剖析创新联合体的运行机制和政策环境，为国家制定更加科学、有效的创新政策提供理论依据和实践参考，以期进一步提升国家创新能力，助推产业高质量发展。

本书是笔者通过多年研究及长期从事科技创新实践对创新联合体建设运行与政策制度研究的初步思考。我们通过本书构建了一个系统的研究框架，从多个维度对创新联合体的建设运行与政策制度进行深入研究和分析。第一章从研究的背景意义、内容方法、研究现状及文献述评等方面，分析了建设创新联合体的重要性和现状。第二章对创新联合体的概念及内涵和创新范式进行了界定。第三章对创新联合体理论基础进行了详细的阐释，并通过理论支撑，构建了创新联合体建设的理论逻辑体系。第四章对创新联合体建设的核心理念和总体思路的研究分析，建立了创新联合体的建设运行机制和指标评价体系。第五章在前文的基础上，探讨创新联合体建设政策制度的设计原则，并提出相应的政策建议。本书旨在通过深入探讨创新联合体建设运行与政策制度问题，分析其现状、问题和挑战，借鉴国内外成功经验，提出相应的解决方案和政策建议，以期对推动我国创新联合体的发展提供理论支撑和指导。

本书的相关研究工作获得众多科研院所、高校和企业的领导和专家学者的指导帮助，在此表示感谢。本书参考了大量的国内外文献资料和数据，主要参考资料已在参考文献中列出，在此，对国内外作者表示感谢。西南财经大学出版社对本书的出版给予了大力支持，在此一并表示感谢。

限于作者水平，本书难免存在不妥之处，敬请广大读者批评指正。

晏强

2024 年 3 月

目录

第一章　绪论

第一节　研究背景及意义

一、研究背景

当今国际环境错综复杂，世界经济陷入低迷期，全球产业链、供应链面临重塑，不稳定性、不确定性明显上升。科技创新成为国际战略博弈的主要战场，围绕科技制高点的竞争空前激烈。党的十九大确立了到 2035 年跻身创新型国家前列的战略目标，党的十九届五中全会提出了坚持创新在我国现代化建设全局中的核心地位，把科技自立自强作为国家发展的战略支撑。党的二十大再次强调要"坚持创新在我国现代化建设全局中的核心地位"。

如何平衡坚持巩固与坚持创新在我国现代化建设全局的地位？如何在空前激烈竞争的国际战略博弈中实现科技创新？新中国成立以来，举国体制一直是我国核心科技创新、关键产业发展的成功经验，但在当前环境下，以往由高校、科研院所牵头建立创新平台组织实施技术攻关的方式，已难以适应新一轮科技革命下产业发展对关键核心技术研发突破的需要。2018 年 7 月，习近平主持召开中央财经委员会第二次会议，首次提出："要推进产学研用一体化，支持龙头企业整合科研院所、高等院校力量，建立创新联合体，鼓励科研院所和科研人员进入企业，完善创新投入机制和科技金融政策。"2020 年 12 月，中央经济工作会议强调："要发挥企业在科技创新中的主体作用，支持领军企业组建创新联合体，带动中小企业创新活动。"2021年5月，习近平在中国科学院第二十次院士大会、中国工程院第十五次院士大会、中国科学技术协会第十次全国代表大会上的讲话中再次强调："要发挥企业出题者作用，推进重点项目协同和研发活动一体化，加快构建龙头企业牵头、高校院所支撑、各创新主体相互协同的创新联合体，发展高效强大的共性技术供给体系，提高科技成果转移转化成效。"党的二十大报告指出："加强企业主导的产学研深度融合，强化目标导向，提高科技成果转化和产业化水平。"贯彻落实党中央决策部署，需要各方面各主体共同努力。创新联合体是多主体联合攻关的有效组织形式，建设高质量创新联合体是实施创新驱动发展战略的一条有效途径。创新联合体相关研究在当前复杂的背景下成为科技创新领域研究的重要热点。

（一）国际竞争环境深刻变化

随着新一轮技术革命与产业变革深化演进，国际竞争态势愈加激烈，发达国家采取了一系列的非公平竞争措施遏制后发国家在科学技术创新领域上的追赶。以2017年8月美国指示美国贸易代表办公室（USTR）对中国开展"301调查"为标志性开端，美国通过切断核心零部件供应链，以行政命令和外交手段截断、压缩中国企业的销售渠道，干涉多个领域在技术层面上的国际合作，对中国企业进行以技术封锁为代表的全方位的打压。一系列的打压举措给中国多个产业的创新链与关键元器件供应造成极大的冲击。

中国经济高质量发展提速，但科技创新压力空前增大。在半导体领域，长期以来技术积累不足，近年来虽在芯片设计和制造方面取得了一些进展，但在高端制、先进封装技术和制造设备商上，与国际领先水平相比，仍存在较大差距。在先进制造领域，高端数控机床、大型成型设备、精密加工、自动化生产、先进焊接技术等高精度、高效率制造技术仍面临挑战。在高性能计算领域，高性能计算机的芯片设计、系统架构以及应用软件等与国际一流水平仍有一定差距。在先进材料领域，稀土矿石和高纯度稀土等关键材料仍依赖进口，高性能复合材料、纳米材料以及材料设计与模拟等方面的技术突破也需要更多研发和创新投入，这是需要长期积累和持续投入的领域。在软件方面，从 PC 端的 Windows 系统、移动端的安卓系统等消费级产品到技术计算语言（MATLAB）、数据库等工业级产品，均掌握在以美国为首的外国企业手里，哈工大的 MATLAB 软件被停止服务，华为海思的电子设计自动化（EDA）软件无法获得更新服务等都证明我国经济社会发展和民生改善比过去任何时候都更加需要科学技术的解决方案，都更加需要增强创新这个第一动力。美国对中国科技的打压，呈现出全领域、全政府、全链条、全盟伴以及法制化、精准化、联盟化、长期化的特点。

在应对上述国际竞争与挑战的过程中，我国现有的创新资源及创新力量的互动、流转与聚集程度远不能满足国家对于关键核心技术自主研发的需求，过去散布于产学研各界的创新研究力量亟须更深层次的融合和高效益的迭代。同时，由于复杂的国际环境，以往正常的国际研发合作无法如常展开，其技术研发需求的缺口也亟须通过国内的创新力量予以补足。

自"十二五"时期起，我国科技政策体系中已开始实施旨在"促进企业成为技术创新的主体，提升企业核心竞争力"的产学研合作政策，从三部委联合实施的将"引导和支持若干重点领域形成产学研战略联盟"的"技术创新引导工程"，到产业技术创新战略联盟建设，再到科技计划体系中聚焦引导支持企业技术创新的"技术创新引导专项"等。新提出的"创新联合体"概念与这些上述做法和政策之间既密切相关也存在明显的进步性、互补性和差异性，须在此前已有政策效果评估基础上对产学研融合的现状与预期理想状态之间的差距进行精准分析并制定举措方案。

正如习近平总书记在《努力成为世界主要科学中心和创新高地》中所指出的，面对一场百年未遇之大变局，我国在实施创新驱动发展战略、突破科技封锁过程中仍存在一些亟待解决的突出问题，如"关键核心技术受制于人的局面没有得到根本性改变""我国技术研发聚焦产业发展瓶颈和需求不够""科技体制改革许多重大决策落实还没有形成合力，科技创新政策与经济、产业政策的统筹衔接还不够"等。国内外经验都表明，应对这些严峻的挑战需要一个更加有针对性、能高效调动全国创新资源的产学研融合研发组织。

（二）既有体制机制的掣肘牵绊

我国传统科技创新模式面临着转型压力。以往我国创新体系主要关注试验开发和以应用型创新为主的技术创新，对于推进解决重大科学问题的基础研究缺乏足够重视。例如，企业通过引进吸收来取得技术进步，通过集成核心零部件来实现本土产品的设计和生产，通过借鉴国外技术路线实现技术赶超。然而，随着我国技术能力提升、外部创新环境变化、数字技术革命演进，我国传统创新模式面临转型压力：一是通过引进先进技术的方式不可持续；二是核心零部件的贸易渠道与创新合作面临挑战；三是新兴技术研发缺乏可借鉴的技术路线。

从宏观体制机制层面看，我国既有科技创新体制机制还存在以下不足。

一是既有科技体制未能充分保障和激励基础研究。虽然政府对高校和科研院所的基础研究提供了资助，但资助力度相对较弱，外加企业对基础研究缺乏需求，我国基础研究投入规模和投入强度长期处于较低水平。

二是基础研究和应用研究之间衔接不足。高校、企业等创新主体在基础研究、应用研究等领域全方位开展创新合作，才能使应用研究牵引基础研究的方向和进程，使科技研发有效支撑技术进步。但因高校和企业的特征差异，两者之间的基础研究合作存在障碍。

三是科技进步未能充分惠及中小企业。基础研究和共性技术研发具有投资大、周期长等特征，只有少数头部企业拥有相应研发能力。相关研究成果常受到严格的保护，因此，中小企业获得的基础研究和共性技术的成果数量远少于头部企业。由于我国专业的数字技术扩散机构建设相对滞后，中小企业在应用成熟数字技术时也面临较大障碍。

四是管理权责不清，跨部门、跨领域政策集成不够，未能集中科技创新资源，科技创新的投入与产出比不协调，无效投入、重复投入现象不同程度地存在。

五是还未形成科学合理的评价机制。目前我国尚未建立完善的科技评价法律体系、明确的规章制度和信用管理体系，这使得科技创新规范性不够、动力不足。

从微观科技管理体系来看，现行科技管理体系下创新主体还无法有效解决国家战略科技需求，在技术源头设计、成果转化、产业孵化等方面没有将高校、院所、企业等创新主体链接起来，没有形成合力，大量经费投入后依然被"卡脖子"。主要体现以下四个方面。

一是科技管理部门重视立项，却忽视科技管理的过程。科技管理工作受到传统观念和陈旧制度影响，管理模式仍坚持采用传统保守的计划经济时期的管理模式，这明显已经不适于当前科学技术的发展和科技工作的要求。科技管理部门与科研组织、技术路线之间的信息不对称，政府职员无法对科研组织的研发条件、研发能力进行客观、真实地考察。

二是科技创新工作无法满足市场需求。在新时期科技资源的配置中，市场机制要将本应有的指导性作用充分发挥出来。但是，科技项目的设置上没有将市场经济规律的作用完全发挥出来，造成了项目开发与成果应用普遍分离，科技管理体制与市场经济"脱节"。主要表现在以下两个方面：一方面是科技成果转化难，很难"走出去"，其在市场上无法产生经济效益；另一方面是产业界与高校、科研机构的联系不够紧密。根据当前的相关数据来看，我国的科技成果转化率小于10%，而实现产业化的科技成果还不足5%。从这一数据可以知道，我国科技成果转化率和转化速度远远低于发达国家，并且许多科技成果"含金量低"，离市场及企业的要求有较大差距，这造成了我国有限科技资源的极大浪费，也在一定程度上降低了科技创新对科技进步和经济社会发展的贡献率。这一系列因素从根本上制约了我国经济增长方式的转化及经济结构的战略性调整。

三是行政色彩在科技管理体制中占有重要位置。我国的科技管理体制在长期受传统计划管理模式的影响下，具有浓厚的行政色彩；在科技管理部门中还缺一套完整的、适应科研和技术开发规律的研发、评价和监管机制。另外，我国在培养鼓励创新的环境、营造良好的工作氛围等方面也存在着不足，即缺乏对科技资源、科技人才的有效调控，严重影响科技发展目标，从而不利于实施科技发展战略。

四是科技管理中法律法规体系不健全。从立法上看，部门规章有很多，但内容却不统一。从规范性看，各规范性文件调整的范围覆盖不够全面，现阶段对科研不端行为的规范主要依据部门规章或是部门规范性文件，各个部门只能对自己的管理领域进行规范。从执行上看，各规范性文件中没有对法律责任进行统一规定。各部门规范科研不端行为的法律、法规或规范性文件，其中不乏对科研不端行为处罚措施或法律责任的规定，但处罚宽严不一。这也是要注意的问题之一。

同时，目前我国关键核心技术攻关还处在适应新、旧举国体制转化的过渡磨合期。举国体制是完成关键技术攻关任务的重要组织管理方式。举国体制就是举全国之力实现特定目标的体制机制，其基本要求是国家利益至上，基本要义是高效决策、统一指挥、形成合力。新中国成立以来，我国先后成功组织了"两弹一星"、载人航天、高速铁路以及若干国家科技重大专项和重大工程，取得了举世瞩目的成就，充分证明了中国共产党领导下的政治优势和我国"集中力量办大事"的制度优势。但新型举国体制则是需要把握社会主义市场经济条件下的科技创新组织管理新特点，相对于计划体制下的举国体制有所差异。新型举国体制是以国家利益为最高目标，集成社会主义制度集中力量办大事的体制优势和市场经济有效配置资源的机制优势，组织动员国内外力量，统筹配置相关资源，以实现国家目标的领导体系、组织体系和运行机制。新型举国体制的"新"主要体现在战略目标多元化、资源配置方式多元化、成果目标多元化、创新主体多元化以及制度环境多元化五方面。新旧举国体制的磨合过渡，使得关键核心技术攻关效果打了折扣。

（三）产学研互动融合不足

我国高校科研院所众多，创新人才富集、创新资源丰富，是国家创新体系的主要力量。近年来，高校和科研院所的一大批科研成果通过转化在实践中得到了应用和推广，促进了高新技术产业发展。但从整体上来看，与我国庞大的高校和院所创新人才、创新资源和科技成果相比，转化率还较低、能够支撑和推动产业发展的研发能力还不足。据统计，在高校院所每年数万项科研成果中，80%以上处于闲置状态，科技成果转化为商品并取得一定规模效益的比例不到10%，其中真正形成大规模生产的不到

5%~6%。产学研的深度互动和融合主要存在以下问题。

一是信息不对称和关注点错位。其一是学术界研究重点与产业需求不匹配：学术界通常追求的是基础研究和理论探索，而产业界更注重的是实际应用和商业价值，两者研究重点的不一致导致合作困难。其二是产业界商业机密与学术界开放共享的冲突：产业界在合作中通常需要保护商业机密和核心技术，而学术界更倾向于开放共享研究成果，这种冲突限制了合作的深入发展。

二是科技成果转化支撑能力较弱。高校在开展科技成果转化方面存在体系不健全、专业人员缺乏、转化能力薄弱等问题。其一是方式单一，高校成果转化项目方式主要为专利转让和买卖，较少采用作价入股等方式对技术成果进行持续性开发，未将成果价值最大化。其二是质量不高，高校科研人员从项目立项初期就没有立足于市场所需、企业所求、行业所急开展技术研发，而是在基础研究上追求"短而快"的出成果方式，产出的大量成果均为职称评定所需，不具备转化和应用前景。三是能力不足，缺乏专职转化机构和专业化的成果转化人员，校内成果转化管理部门对成果转化仅是统计和上报，且其从业人员也并非专业人员，同时，高校科研人员接触市场和行业的机会较少，他们既缺乏开展成果转化的时间和精力，更缺乏市场思维和承担市场风险的能力。

三是合作机制不完善。其一是合作模式缺乏灵活性：目前合作模式多以委托研究或科研项目的方式存在，合作时间周期较长且需要双方长期承担风险，缺乏更灵活的合作模式，无法适应快速变化的需求。其二是合作管理和协调困难：产学研合作需要相关机构或人员进行管理和协调，但合作伙伴之间的工作方式、文化差异等因素对合作的顺利进行产生困扰，难以实现良好的合作管理。其三是缺乏合理的利益分配机制：学术界在合作中通常只能获得学术声誉等软实力的回报，而产业界则能从合作中获取实际利益，这使得学术界对合作的积极性受到抑制。在合作中，由于产业界通常具备资金和市场资源，对科研成果的转化具有主导权，学术界在利益分配中处于相对弱势的地位。

四是人才培养与人才交流不足。其一是人才培养机制不匹配：学术界和产业界在人才培养上存在差异，导致缺乏能够适应产学研合作需求的人才，限制了合作的深入发展。其二是人才交流渠道不畅通：学术界和产业界在人才交流上缺乏有效的渠道和平台，互通有无的机会有限，难以分享资源和经验，限制了合作效果的提升。

五是知识产权保护不足。其一是技术成果归属不清：在产学研合作中，技术成果的归属问题常常引发争议，缺乏明确的合作协议和知识产权保护机制，可能导致合作双方对创新成果的权益争夺。其二是知识产权保护机制不完善：目前的知识产权保护机制难以适应快速变化的科技环境，难以有效保护合作双方的创新成果，存在知识产权侵权风险。

（四）创新平台作用发挥不足

近年来，在政府主导、政策激励、市场牵引模式下，国家、省、市、区各层面均大力倡导和激励产学研共建平台，通过出台发展规划、制定激励政策、强化监督评估等方式鼓励高校、院所、企业联合成立产学研创新平台，各相关主体也就产学研协同创新、协同转化及一体化开展了大量探索，但就具体实施和投入产出来看，其效果还较差，主要表现在以下几个方面。

一是产学研平台实体化运行不足。通过对各类创新平台相关信息的分析发现，大部分创新平台为依托单位的内设机构，注册独立法人的实体平台占比很小，平台实体化、独立运行不足。部分依托单位为了获批平台进而获得有关资质和资金支持而临时拼凑资源、搭建平台，存在"为了建平台而建平台"的现象，平台获批后并未实质性开展技术研发、技术服务、人才培养、成果转化、合作交流等平台建设活动。

二是创新平台建设资源重复投入。科技创新平台的建设单位存在"多块牌子、一套人马"现象，造成科技资源重复投入和资源浪费。例如，西部某中心共挂了"工程技术研究中心""重点实验室""产业技术研究院""研究所""高校重点实验室"等6块科技创新平台牌子。"一块牌子"意味着在扶持经费、限项名额等方面的一份投入，即"多份投入、一份产出"，造成了资源的重复投入和浪费。

三是创新平台建设存在"两重两轻"现象。其一是重规划、轻建设：

科技平台主管部门在平台建设过程中往往会出台发展规划、管理办法、实施细则等系列政策措施，但对政策措施的落地实施做得还不够，缺乏对创新平台建设的指导、监督和动态监测。其二是重认定、轻监督：部分创新平台申报单位对平台认定趋之若鹜，甚至不惜重金聘请第三方机构协助撰写申报材料、提供技术支撑，但平台认定完成后相关工作则停滞不前，甚至置若罔闻，待到评估审核时又临时抱佛脚，拼凑资源以应付监督检查。

四是创新平台绩效评价机制不完善。大多数创新平台运行实行年度报告制度，依托单位每年对所属科技创新平台建设与运行工作进行年度考核，考核结果上报主管部门和省科技主管部门。依托单位和所属的科技创新平台属于利益共同体，其利益具有一致性，科技创新平台运行的考核结果将会影响到该单位今后的科技创新平台申请与平台升级，同时也会影响该平台的财物投入水平。因此，这种模式下容易出现管理者就是评估者的现象，依托单位在考核所属科技创新平台时会带有"经济人"行为，在评估过程中会潜在地提高所属科技创新平台的绩效，从而提高自身的效益，这种现象容易掩盖科技创新平台运行的真实情况，不利于平台的进一步发展。

二、研究意义

（一）理论意义

第一，拓宽了科技创新研究的视角。以往科技创新研究往往将政府、企业与科研院所分开研究，科技政策的主要推动者在政府、执行者在企业、研究者在高校和科研院所，三者泾渭分明。本书则将三者的联系通过组建创新联合体来完成，将科技创新的主体设定为企业、政府与科研院所三位一体。

第二，深化了创新联合体的研究。创新联合体研究在学术界掀起了热潮，研究成果也较多，观点见仁见智，但是高质量研究成果较少，尤其是有关创新联合体的基础研究或理论研究成果较少，实践研究成果较多。本书则是在扎实的创新联合体相关理论研究成果的基础上，结合我国发展实际，提出颇具针对性策略的研究范式，深化创新联合体研究。

第三，纵观学术界创新联合体研究成果，往往与地方政府社会经济发展相结合，实证研究较为普遍，成果应用也较为成功，正是这种现象导致基础理论研究薄弱，无法支撑创新联合体的深入探索。本书则是将理论研究与实证研究相结合，试图在理论上有所突破，并反过来指导创新联合体的发展。

（二）现实意义

本书的研究契合科技创新国家战略导向，概括总结我国当前创新联合体建设的现状，以国内成功的创新联合体为案例分析，为中国在该领域提出具有建设性的政策建议、为中国科技创新战略的实施出谋划策，具有重要意义。

1. 国家层面

建设创新联合体是实现国家科技自立自强的重要手段，也是大国重器制造的重要方式，更是增强我国科技国际竞争力的重要抓手。

科技作为国家发展的战略支撑，已成为大国竞争的主要领域，更是实现中华民族伟大复兴的重要手段。对关键技术的掌握是保障产业链、供应链稳定性和国际竞争力的内在核心，应充分发挥我国体制和市场优势，依靠科技创新，从源头增强产业链韧性，推动产业链、供应链稳中有进，打造具有全球竞争力的产业集群，才能从根本上有效保障产业链、供应链的安全与畅通。以科技龙头企业为依托，构建创新联合体着力推进"强链"，一方面可以整合现有科技资源，发挥科研型企业、科研院所、高校等主体的各自优势；另一方面可以鼓励培育一批能够在全球高端产业链网络中扎根各产业链核心科技节点的企业。同时，对关键核心技术进行高效"补链"，鼓励各领域专业科技人员潜心研究关键共性技术等底层问题，提升科技创新链的效能。

2. 国防层面

创新联合体可以立足国家战略，综合国家安全形势，大力装备高科技武器"撒手锏"，以应对国际环境的恶化，提升国防实力。

知识经济和高新技术在改变着人类经济生活的同时，也深刻影响着军事领域的变革。新知识、高新技术在军事领域中的广泛运用，不仅使战争形态、作战样式、作战方法发生了重大变化，而且成为影响战争进程乃至胜负的重要因素。在一定意义上可以说，谁拥有了最新的知识和技术，谁就掌握了军事斗争的主动权。走"科技强军"之路，已经成为各国适应时代和战争发展要求的必然选择。创新联合体的构建，可以加速科学技术的运用，提高科学技术创新效率，有利于将更多的国防科技运用到国防建设当中，有利于国防建设能够更好地采用最新、最先进的科学技术，最终使国家拥有领先世界的国防科技、国防装备与国防人才。

3. 经济层面

创新联合体的构建不仅让科学与技术相结合，实现科技创新，而且还将科技运用到经济发展层面，使其成为科学技术经济，在此基础上实现产业强国、经济强国。

以创新联合体为主题的科技创新为技术的进步提供强劲的推力。科技创新反映了技术进步。坚持科技创新为经济增长动力转换赋能，在经济增长中发挥引擎作用，能够为各领域提供强劲的支撑力，突破传统信息产业的范畴，促进经济社会数字化转型与变革的深度发展；也能够为各领域提供技术分析、未来预测和针对性布局。这有利于企业应对复杂形势下的各种风险挑战，有助于提高企业生产率水平，促进全要素生产率提升。

以创新联合体为主题的科技创新为壮大发展提供新动能。坚持科技创新能够创新要素配置方式，加快推进要素市场化进程，有利于提高要素资源配置效率，形成创新驱动发展的良性循环，为中国打造经济高质量发展战略高地助力。与此同时，科技创新对深入实施节能减排、不断聚焦污染防治、有效推进产业转型、持续修复生态工程、统筹生态环境治理具有重要支撑作用，从而赋能产业实现绿色发展、经济实现绿色增长。

以创新联合体为主题的科技创新开创经济内外双循环新局面。深化国际科技创新合作是坚持创新引领的重要体现，通过加强全球科技创新协作，形成共建共治的全球性科技创新中心与全球科技创新生态体系，深度参与国际科技创新交流，实现科技创新在世界范围内的价值转化，为引领经济对外开放、推动我国科学技术迈向全球领先水平贡献力量。

4. 科技层面

创新联合体构建能够探索新的科技管理模式、科技评价体制,完善产学研链条。

国家技术创新中心是推进关键技术研发、科技成果转化及产品示范应用的综合性科技创新平台。国家产业创新中心是开展战略性和颠覆性技术创新、开发应用和投资孵化的重要平台。创新联合体与两者不同,创新联合体是国家科技发展、关键核心技术突破的重要平台。在功能定位上,它是推进产学研深度融合,承担关键核心技术攻关任务,提高企业技术创新水平的重要平台与载体;在建设领域上,它则是以国家重大科技项目为主,由领军企业牵头组建,相关企业、高校、科研院所作为成员参与的综合体,是具有独特管理体制的一种新型的科技创新模式与链条。

5. 社会层面

创新联合体的构建可以使创新引领社会进步。

建设创新型国家,必须把科技创新作为基本战略,大幅度提高科技创新能力,形成日益强大的竞争优势。建设创新型国家的核心是把增强自主创新能力作为发展科学技术的战略基点,走出具有中国特色的自主创新道路,推动科学技术的跨越式发展;是把增强自主创新能力作为调整产业结构、转变经济发展方式的中心环节,建设资源节约型、环境友好型社会,推动国民经济又好又快发展;是把增强自主创新能力作为国家战略贯穿到现代化当中。创新型国家建设首先要培育一大批创新型企业,即以科技人员为主体,以科技创新为重要特色,从事科学研究开发、科技成果产业化,其产品符合国家产业发展的经济体。此类创新型经济体的发展,与高校、政府的联合是密不可分的,其也是一种重要的推动力。

第二节　研究内容与方法

一、研究内容

本书契合国家发展战略。首先，通过对创新联合体的概念、内涵、主体构成及资源要素和运用价值进行全面分析，客观描述了国内外创新联合体建设的现状，充分挖掘国内外推动创新联合体建设的政策文本，并选择国内外成功创新联合体作为案例进行分析，总结其成功经验，为我国创新联合体未来构建与推进提供借鉴；其次，提出创新联合体运行模式，提出创新联合体的建设定位、建设类型、科研模式、主要任务、运行机制以及评价指标体系；最后，提出创新联合体建设推进路径以及政策建议，为各级政府相关部门提供可参考借鉴的经验。

（一）创新联合体的概念和基本内涵研究

通过梳理创新联合体的概念发展史，给予创新联合体一个科学概念：创新联合体是由创新能力突出的优势企业牵头，政府部门紧密参与，将产业链上下游优势企业、科研机构和高等院校有效组织起来协同攻关的任务型、体系化的创新组织。同时，创新联合体的基本特征主要表现在：战略地位显著、国家目标导向下的任务型创新合作组织、由创新型领军企业牵头组建、基于市场化运行机制、得到政府多元政策支持。此外，本书还从主体构成、服务支撑和环境资源三个方面对创新联合体进行了主体构成分析和资源要素分析。

（二）创新联合体建设现状研究

以档案为基础，以研究报告、学术论文为支持，本书试图整理全国创新联合体的建设现状。地方政府积极响应、部分地区正在探索创新联合体建设，而政策环境则逐步得到建立和完善。同时，创新联合体建设也存在一定的问题，即顶层设计的制度体系还不完善、如何激发企业的内生动力还需思考、运行治理模式还需探索。最后，还对国内外创新联合体建设实践案例进行了梳理，试图得出先行创新联合体建设的经验教训。

（三）创新联合体建设模式研究

首先提出创新联合体建设的总体思路，一是以习近平新时代中国特色社会主义思想为指导，深入贯彻落实党的二十大精神，提升企业技术创新能力，完善技术创新市场导向机制，强化企业创新主体地位，促进各类创新要素向企业集聚，形成以企业为主体、市场为导向、产学研用深度融合的技术创新体系；二是遵循统筹谋划、系统布局，创新驱动、高质建设，数据治理、科学发展的基本原则。其次，做好技术、产业、区域三个层面的建设布局。再次，提出战略科技类，以国家主导为主；产业发展类，以国、省协同为主；应急攻关类，以部委行业主管部门为主；未来科技类，以国家科研机构为主的建设模式。下一步，分别搭建战略科技类、产业发展类、应急攻关类、未来科技类创新联合体的运行机制。最后，构建创新联合建设的评价指标体系。

（四）创新联合体建设政策制度研究

创新联合体建设政策制度设计遵循六大原则：一是加强党对新时代科技创新工作的全面领导；二是发挥新型举国体制下的组织科研模式优势；三是深入推进"4+1"国家战略科技力量协同；四是全力支持科技领军企业发挥牵头主导作用；五是强化战略科学家和科技人才核心引领功能；六是注重选题科学论证、场景应用和研发绩效。在此基础上，本书提出了政策建议：国家层面要做好顶层设计引领、做好法律法规护航、做到政策制度保障、做好会商支撑、中央企业先行先试；省市层面则要做到政策落实、强化制度供给、构建协作平台、健全考核机制；从创新主体来看，要让科技领军企业牵头、高等学校跟进驱动、科研院所科技赋能、中介机构通力协作，最终共同推动创新联合体高质量发展，为我国科技自立自强提供有力支持。

二、研究方法

文献研究法：搜集整理美国、日本、英国、以色列及我国创新联合体建设成果，尤其是我国推动创新联合体的政策文本，包括国家层面、省级层面、地市级层面的政策文本。在此基础上，进行充分地分析，为创新联合体的推进提供政策支持与借鉴。

案例分析法：通过选取国外如 SpaceX、西门子，国内如华为、阿里巴巴、航天工业集团、东方电气中央研究院等著名企业创新联合体作为研究案例，充分分析其创新联合体的建设逻辑，总结其成功经验，为创新联合体的推进提供经验借鉴。

对比分析法：通过对比国内外创新联合体建设政策与实践、运行模式与制度创新等，从中凝练创新联合体建设的基本经验，同时总结反思教训与不足，为今后我国创新联合体建设提供正反两方面的经验借鉴。

归纳演绎法：在创新联合体个案中归纳总结出经验与不足，同时在指导思想、基本原则等框架下演绎基本的运行模式与路径选择。

第三节　文献综述

一、研究现状

在创新联合体出现之前，还出现过研究联合体、产教融合联合体、产业联合体等各类以创新为导向的组织形态。早期国外大型企业为应对激烈竞争，抢占行业前沿高地，相互之间合作研发，形成了一种有效的创新组织，主要是研究联合体或战略研究联盟。国外学者从 1980 年开始对合作研发组织进行研究，克罗（Crow）等人认为合作研发组织是两个及多个企业共同开展新项目研发的新合作实体。达斯普蒙（D'Aspremont）采用博弈论分析了合作研发企业的合作模式，得出合作研发更有利于实现技术突破。之后关于合作研发的研究逐渐增多，主要集中在合作研发成员组成、合作模式、研发效率等。合作研发可以充分利用研发资源，实现企业技术创新能力的提升，对企业的发展有很大的积极影响。

国内对合作研发早有研究，其内涵与特征还处于探索阶段，不同学者对创新联合体进行了多个角度的阐述。

一是关于企业主导的创新联合体组建的必要性和价值研究。创新联合体是推进国家科技结构改革、全面强化国家创新体系效能和突破关键核心技术"卡脖子"问题的重要载体，还是有效破解产学研协同创新瓶颈问题，加快打造原创技术策源地和科技成果场景化应用的有效途径与组织模式（尹西明等，2022）。李晋章等（2022）通过分析创新联合体形成动因，得出创新联合体是产业技术升级的重要载体，相比于上述合作组织形态，创新联合体强调以科技领军企业作为主导主体，能够清晰划分契约关系与职责分工，从而释放更强大的经济效益。科技领军企业是最主要的国家战略科技力量之一，是强化企业创新主体地位，推动创新链和产业链深度融合的"出题者"。以科技领军企业为主导的创新联合体统筹布局的方式更适合科技范式升级后的国家战略科技力量建设，通过创新联合体打造创新主体协同、创新要素集聚的国家产业创新体系，形成国家战略科技力量体系化、常态化布局（白春礼，2021）。通过创新联合体确保制度目标与利益一致，引导学科和团队交叉融合，实现政府支持与市场机制有机结合，产生科技创新共生抱团的"木桶效益"，进而提升国家战略科技力量水平（张赤东，2021）。

二是关于创新联合体内涵研究。在面向市场化和需求驱动的科技创新与产业化方面，创新联合体能够解决传统产学研合作面临的多元主体激励不相容、收益分配制度不合理、创新主体积极性不高等问题，是市场驱动型创新模式下更为有效的科技创新载体，也是促进高校、企业和区域创新体系有机融合的高效路径（尹西明等，2019）。创新联合体是由科技领军企业牵头，整合产业内外科技和社会资源以完成国家战略研发任务的体系化合作组织，具有市场导向性、股权捆绑性、产学研深度融合、数据生态型等特性（白京羽等，2020）。不同于以往联合体和技术联盟以高校院所为主导、松散耦合的组织模式，创新联合体一般以领军企业为核心主体，在国防和政府部门支持下，主动整合实验室、科研机构、高校、中介服务机构等多元创新主体，深化"政产学研用"体系，加快创新成果产出与转化（王巍等，2022）。吴晓波等（2021）将集成器件制造模式视为芯片行业的"创新联合体"，通过成立合资公司的形式整合多方资源，直接为终端客户提供高品质、高效率的产品，从而实现资源共享、能力协同、资金及风险共担。张赤东等（2021）通过对比创新联合体和产业技术创新战略联盟以及研究联合体之间的异同，分析了创新联合体的时代背景与现实需求，界定了创新联合体的概念，阐述其政策内涵，为创新联合体组建指明了方向。

三是关于创新联合体建设研究。国内学者主要围绕以下四方面进行研究：

其一是创新联合体组建方式。企业牵头组建创新联合体，确定创新联合体的研究方向、工作任务、管理体制和运行机制等，拟定共建协议，征集共建单位，在创新联合体成立后负责其日常运营等工作（曹纯斌等，2022）。企业既做项目的"出题人"，又在项目实施中发挥组织领导作用，在创新联合体中担当机遇发现者、技术攻关者、风险识别者和资本引入者的角色（肖自强等，2021）。企业通过牵头打造产业场景，加速创新要素融通和科技成果场景化应用。高校和科研院所负责提供人才支持、技术支持、基础设施支持和研究资源支持，开展协同科技攻关，配合企业做好专家团队遴选工作并协调专家工作，以保障专家团队充分参与创新联合体建设和发展（曹纯斌等，2022）。政府主要负责引导创新联合体的组建，出台相关政策文件，在资金、土地、税收、人才、科技成果转化等方面给予政策保障和支持，建设大型基础设施和大型装置，为创新联合体提供优良的发展环境。

其二是创新联合体建设路径。郭菊娥等（2022）提出以"目标诉求——途径探索——保障机制"为逻辑框架，揭示企业布局创新链、搭建创新联合体、集聚社会创新要素的机理与路径。李春成（2021）通过对科技经济融合组织模式、融合创新进行分析，对我国创新联合体建设路径进行探讨。尹西明等（2022）等对比了科技自立自强视角下的高能级创新联合体与一般创新联合体的异同，提出了高能级创新联合体建设的战略思路、过程机制和建设路径。陈晶（2022）分析了苏州引导企业牵头组建创新联合体的机遇与挑战，梳理了苏州引导企业牵头组建创新联合体的路径和对策。

其三是创新联合体发展模式。李晋章等（2022）、陈劲等（2021）提出以企业为主导的创新联合体建设模式。根据现有工作情况，曹纯斌等（2022）提出地方主建省级支撑，企业领建多方共建；省市联动多方共建，分级实施持续提升；省级牵头地市参建，企业领建高校支撑三种建设发展模式。武博等人基于企业参与创新联合体的动因，剖析了纵向研究联合体研发模式。王巍等（2022）用探索性单一案例的研究方法，以中国西部科技创新港为研究对象，分析归纳高水平研究型大学驱动创新联合体建设的基本架构和过程模式。

其四是创新联合体运行机制。白京羽等（2020）构建重复博弈模型，分析创新联合体成员参与联合创新的动机及其限制因素，探究了创新联合体的动力机制。马宗国（2013）通过分析研究联合体在开放创新形势下的运行机制，得出创新机制相互关联与作用是研究创新联合体运营稳定的基础。朱国军等（2022）在数字创新理论与价值共创理论指导下，探索了智能制造核心企业牵头组建创新联合体的跨界网络协同过程机制和路径范式。周岩等（2021）基于创新联合体结构特征，构建多寡头三阶段研发博弈模型，全面分析技术溢出对创新联合体合作研发的影响机制。

四是关于创新联合体和新型举国体制相关的研究。有学者指出科技领军企业在创新联合体方面的探索体现出新型举国体制的特征，开展"有组织科研"就是发挥新型举国体制优势，打造国家战略科技力量的有益探索。创新联合体一般要应用新型举国体制模式，由国家相关机构统筹部署和授权科技领军企业牵头主导建设（路风等，2021），创新联合体则需要更进一步实现自主创新、协同创新、全面创新的统一，将其置于整合式创新理论指导下的新型国家创新体系中（陈劲等，2018）。在运行机制和创新模式上，需要以市场需求驱动科技创新的市场化机制，转变为"有为政府"和"有效市场"双重驱动的新型举国体制下的"有组织的科研"（万劲波等，2021），在科技创新组织模式和制度层面开展"特区式"的大胆探索。

二、文献述评

综上,我国关于创新联合体建设的探索尚处于起步阶段,国内对创新联合体的研究多集中在建设路径、运行机制方面,已有文献虽然强调科技领军企业要充分发挥企业"出题者""引领者"的作用,明确提出企业在产学研深度融合的主导作用,并要从制度上落实企业科技创新主体地位,但从创新链关键节点和创新主要环节来看,企业发挥主导作用提升创新能力和创新绩效的机理尚未探明,并且对于企业具体如何牵头组建创新联合体、支撑国家战略科技力量建设的系统运行探索研究不够深入。

面对新形势和新要求,我国创新联合体建设的理论指引、现状基础、建设运行、政策制度等方面还有一些关键问题需进一步解决。为弥补上述不足,本书在深入调研和分析国内外创新联合体建设实践的基础上,探索落地以创新型领军企业为主导的创新联合体建设运行所面临的新问题、新需求,形成一种可复制、可推广的有效组建和建设发展模式,进而提出针对性的政策建议,对加快建设和培育以国家战略科技力量为核心牵引、多元创新主体高效协同的创新联合体具有重要的理论意义和现实意义。

第二章　理论基础

第一节　概念及内涵

一、创新联合体的概念

自 2018 年 7 月中央财经委员会第二次会议提出建立创新联合体以来，一些部门和地方开展了创新联合体建设试点工作，但现阶段对创新联合体的界定尚未达成统一认识。在理论层面，创新联合体以核心企业为研究对象，以共同利益为纽带，以市场机制为保障（张赤东等，2021），由两个及以上创新主体通过大跨度整合、交互赋能、共生互长在创新生态系统内协同演化，实现创新生态系统联合创新。白京羽等（2020）认为创新联合体是由一家或几家行业内的领军企业，主动整合高等院校和科研院所的科技创新资源，在集聚产业创新要素的基础上，直接为目标客户群体提供高质量产品或服务，从而实现"后发制人"与"后来居上"。刘戒骄等（2021）从如何攻克关键核心技术的角度，提出在核心技术领域的创新不同于传统意义的科研，需要由具有号召力的科技创新主体组织多方资源，以创新联合体的形式实现全面协同的科研。

实践层面，关于创新联合体的概念界定尚未出台正式文件予以明确，一方面，一些关于"创新联合体"的讨论认为，创新联合体是一种泛指，即各种科技创新主体的联合形式，也就是创新联盟、国家技术创新中心、国家产业创新中心和国家制造业创新中心等平台载体；另一方面，国家和地方对创新联合体的需求存在明显区别，国家鼓励龙头企业牵头组建创新联合体，期望以"强联合"的产学研协同创新解决制约产业发展的"卡脖子"技术难题，具有明确的国家战略需求导向。地方更希望通过创新联合体这种新的组织模式在更大范围内，以更高的效率组织创新资源，以更快的速度促进科技成果转化，从而促进地方经济发展。

为防止创新联合体概念的泛化和滥用，指导地方和行业结合自身需求，推动产学研用协同创新和大中小企业融通创新。本书结合学术界及实践探索的经验指出：创新联合体是充分发挥政府作为创新组织者的引导推动作用和企业作为技术创新的主体地位和主导作用，以关键核心技术攻关重大任务为牵引，由创新型领军企业牵头，政府部门紧密参与，整合产业链上下游优势企业、科研机构和高等院校等要素资源，共同组建协同攻关的任务型、体系化的创新合作组织。

二、创新联合体的特征

在创新联合体出现之前，出现过研究联合体、产教融合联合体、产业联合体等各类以创新为导向的组织形态。创新联合体与上述组织形态都是以创新为导向，以资源协作为依托，除了共性特点外，创新联合体也具有自身的个性特点。

从目标导向看，其强化关键核心技术攻坚能力。创新联合体以国家战略需求为导向，积聚力量加快"卡脖子"攻关和重大科技任务攻关，是连接和强化国家战略科技力量协同效能、加快关键核心技术突破的重要平台，是发挥国家战略科技力量的重要载体。创新联合体旨在通过以国家战略科技力量为核心牵引，多元创新主体有组织地推进重大原始性创新和关键核心技术突破，加速重大科技成果转化和未来产业培育，有力支撑我国新型国家创新系统得以持续赋能国家创新能力提升，占领大国科技博弈的制高点。未来，全球范围内新型区域和全球性的科技创新生态系统将被建构，中国也需要对必然能够通过创新联合体带动的新型国家创新体系予以支持，为全球包容与可持续性创新发展贡献中国力量。

从组建条件看，其由创新型领军企业牵头组建。国家"十四五"规划指出要进一步加强创新链与产业链的对接，"强化企业创新主体地位，促进各类创新要素向企业集聚""支持企业牵头组建创新联合体，承担国家重大科技项目"，将创新打造为发展引擎的战略部署。由此明确，创新联合体在组建过程中由牵头企业发起，并在成员选择及组织结构设计上发挥主导作用，这是创新联合体的显著特征。由领军企业组团"揭榜"，发布任务清单，协调创新联合体各参与主体的关系，促进资源的共享、流动和整合。一个领军企业可以根据创新任务目标，组织不同的创新联合体，选择不同的参与主体，从而以最优的资源配置形式达成创新目标。多地实践紧紧抓住了领军企业牵头这一关键组织特性，充分发挥企业在发现创新机遇、识别和降低创新风险、利用市场机制整合各类创新主体资源、协调创新主体行动的优势。

从组建模式看，其是科技攻关新型举国体制的任务型组织模式。创新联合体的使命在于承担并完成符合国家战略需求的研发任务，着力攻关重大关键核心技术，推动我国在关键科技创新领域从跟跑向并跑、领跑转变，是国家计划导向下的技术研发攻关突破，是新型举国体制下的以关键核心技术攻关重大任务为牵引，以有效组织产业链上下游优势企业、高等院校及科研机构协同攻关的体系化、任务型创新组织。这种组织模式在根本上区别于以往战略联盟、研究联合体等合作组织，其以新型举国体制为主要制度创新保障，以使命驱动的新型国家创新体系为指导，聚焦国家战略必争领域的关键科学问题和重大产业创新需求，有组织地推进事关国计民生、国家安全、科技核心竞争力的基础研究和重大科技创新任务，更为有效地承担高水平科技自立自强的使命。

从运行机制看，其为"有效市场"与"有为政府"的双重驱动运行。有效市场是健全关键核心技术、攻关新型举国体制的重要抓手，坚持发挥市场机制作用，不断优化配置创新资源。面向国家战略需求与科技自立自强使命与任务，打破多元主体协同低效、利益争夺、重复研究、成果难转化、收益分配激励不相容等制约国家战略科技力量协同的痛点，建构面向科技自立自强的、从源头创新到成果产业化的"创新循环"。在这一过程中，中央和地方政府发挥新型举国体制优势，建制化、有组织地支持"四个面向"领域的战略性科学计划和科学工程。在此基础上,通过制度创新和政策体系设计来支持科技领军企业牵头主导,以战略科学家和战略科技人才牵引,引领大中小企业融通创新。有效市场和有为政府结合是提高科技力量和创新资源效率、强化跨领域跨学科协同攻关、形成关键核心技术攻关强大合力的重要方式,是健全关键核心技术攻关新型举国体制的坚实保障。

三、创新联合体的优势

举国体制制度优势。企业牵头组建的创新联合体是新型举国体制的一种实现和落地形式,让企业成为技术创新、研发投入、科研组织、成果转化的主体,培育一批研发投入高、拥有国际化视野的科技领军企业,实现创新链、产业链、资金链、人才链的全链接,打通从科技强到企业强、产业强、经济强的通道,实现国家重大战略需求与世界一流企业方阵崛起的强耦合,充分发挥社会主义市场经济条件下新型举国体制的优势。

战略科技力量优势。战略科技力量是支撑国家战略科技目标、掌握战略科技资源、承担战略科技任务的创新主体。习近平总书记指出:"世界科技强国竞争,比拼的是国家战略科技力量。"国家实验室、国家科研机构、高水平研究型大学、科技领军企业都是国家战略科技力量的重要组成部分。作为战略科技力量的重要组成部分,创新联合体一方面形成应对国际环境"科技脱钩"的自主创新能力,另一方面能够按照"四个面向"要求,提升高质量发展原始创新供给能力,从提升国家创新体系整体效能出发,科学合理布局,让最强的科研力量在最适合的攻关领域发挥最大的作用,协同创新获取战略性、关键性重大科技成果。

创新资源整合优势。借助使命和战略引领下的"有组织的科研",创新联合体通过高效整合并强化国家战略科技力量,重点破解当前产学研过程中创新资源配置效率低、创新主体散、创新协同弱等痛点问题。在国家战略性科技领域,创新联合体具有充分整合科技创新资源的独特优势,能够显著优化各主体参与科技创新的机制和功能,有效促进科研院所、高等院校和企业科研力量优化配置和资源共享,有利于集中优势资源加强攻关原创性引领性技术，在事关国家安全和发展全局的关键核心技术方面实现突破。在产业和企业技术创新领域，通过联合高等院校、科研院所和上中下游、大中小型企业，构建产业创新中心和共性技术平台，支持产业共性基础技术研发，解决跨行业跨领域共性技术问题，为不同类型技术的有效联动和优势互补提供了关键力量。

高效协同组织优势。创新联合体客观创造出一种新型举国体制组织形态，重在探索出一条以共同利益为纽带、以市场机制为保障，政府力量与市场力量协同发力的体系化、任务型研发的利益共同体。任务型意味着组建创新联合体必须有明确的技术创新目标，提升创新整体效能。体系化要求建设创新联合体应坚持系统思维，在宏观层面以创新战略与规划引导创新资源向战略性创新需求流动，在中观层面对既有的科技体制变革为多主体合作创造更优环境，在微观层面形成创新联合体不同主体在创新资源、创新成果等方面的共建共享机制。创新联合体虽然由政府引导、推动，但其根本动力源自市场，以市场机制为纽带，让创新联合体自发成为利益共同体，让企业成为创新主体，使产业链上的创新单元可各取所需、各展所长。

市场化配置优势。创新联合体面向市场需求，是在强化科技力量的国家战略背景下提出的一种新型组织形式，旨在以关键核心技术攻关重大任务为牵引，充分发挥企业作为技术创新的主导作用。企业是产业主体、市场主体和创新主体，在科技研发供给与产业技术需求的有效对接中发挥主导作用。企业在创新与生产资源配置中以市场化为原则、完成符合国家战略需求研发任务为使命，具有高效合理统筹研发创新与生产经营目标的关键能力，市场成为配置科技创新资源的决定性力量，进而更好地运用科技创新市场化动机，在多方参与的创新联合体中形成正向影响与激励作用，确保产学研深度融合的科学性和可持续性，有利于培育世界一流企业、激活市场主体活力，推动企业进一步寻求生产与创新环节的效用融合、动能培育与优势构建，为统筹生产创新环节、融通大中小型企业、联合各类创新主体，有效引导基础研发、激励技术转化和成果转化，在竞争力提升与盈利水平增长的良性循环中巩固企业主导地位。

四、创新联合体的要素

（一）主体构成要素

从构成主体来看，创新联合体是由创新领军企业牵头组建，以牵头企业的供需链和创新链上的产学研机构为主要联合对象，主要包括创新型领军型企业、研究型大学、科研院所及其他优势企业四大主体。其中领军企业是创新联合体建设的主导力量，是科技创新任务的"出题者"和"阅卷人"，也是创新应用场景的主要供给方，在创新联合体的组织结构中占据承上启下的关键位置。领军企业向上为国家实验室主导的研发体系提供科学问题与科研需求的同时完成自身科技创新成果的有效转化；向下依托综合性国家科技中心或区域科技创新中心进行科技创新研发的过程中带动其建设与发展。以领军企业为核心主体，发挥其前沿技术识别和研发能力，把握关键核心技术的前沿导向，通过自身具有较强的研发领导与抗风险能力在科技创新发展中实现创新突破。研究型大学与科研机构具有较强的人才队伍和科技创新能力，拥有较好的科研实验条件，可以实现创新资源共享，在创新联合体深度融合下，学研组织可以研发出科技创新成果而后在企业中实现转化。其他优势企业具备一定的技术研发能力和相关配套设施，在行业中能与其他成员单位形成优势互补，可以为领军企业提供配套服务及更加精确的创新方向。

（二）服务支撑要素

服务支撑要素主要包括政府管理相关部门、各类市场化中介服务机构、金融机构。政府的规划和引导，推动创新联合体调动各类优势资源，承担国家或产业重大科技攻关项目，政府管理部门既是创新联合体组建的引导者，也是其维护者，需通过制定有关创新的法令、法规和相配套的技术政策，对创新联合体主体进行引导，通过给予创新联合体协同创新补贴、科技成果补贴等政策支持来促进创新联合体之间的协同稳定性，弥补市场缺陷，为创新联合体的正常运营和健康发展创造环境。如对积极探索新兴前沿领域的企业给予税收优惠和利率支持，引导投资发展方向等。中介服务机构处于供需链、创新链的结点上，发挥着黏合创新主体与相关利益主体的作用，技术研发、成果转移转化、检验检测、科技咨询、科技服务等相关机构应具备相应的专业技术服务能力，为创新联合体提供高效的技术服务平台，在创新联合体组建、发展以及创新技术攻关和市场化全过程发挥重要作用。金融机构也占据了重要的角色，企业及其他主体设立的基金组织等需要合理的安排，以解决学研组织及企业科技创新资金的问题。政府、中介服务机构、金融机构支撑要素与主体性要素之间存在密切合作关系，各种要素之间的有序合作将有利于市场信息、技术攻关等创新资源的获取，并且促进产品沿着价值链快速流转，为整个创新生态系统注入源源不断的创新活力。

（三）环境资源要素

环境资源要素包括经济环境、政策环境、社会文化环境、自然环境。环境资源要素可为系统提供维持生命所必需的养分，为创新联合体各主体要素及支撑要素提供具有各种信息、技术、资金、人才、创意等资源的外部大环境，外部环境要素是创新联合体赖以存在的根基。

五、理论支撑

基于高水平科技自立自强的国家战略，构建领军企业牵头的创新联合体，是新发展阶段强化企业创新主体地位和促进关键核心技术攻关的重大探索。然而，目前各地对创新联合体的建设还处于摸索阶段，对其使命定位、组建方式以及创新机制等多个关键问题的理解仍存在较大差异，相关规定和做法千差万别，建设质量参差不齐，归根结底是由于缺乏理论的有力支撑，局限了创新联合体的建设与发展。基于此，本书系统地对创新联合体建设进行理论溯源，从战略联盟、整合式创新及创新生态系统视角探寻创新联合体建设的理论根基，并为创新联合体创新范式的提出奠定基础。

（一）战略联盟

战略联盟（Strategic Alliance）最早是由美国霍普兰德（J. Hopland）和奈格尔（R. Nagel）提出的，是指两个及以上企业基于共同的战略目标，通过缔结协议、契约等方式，形成的一种具有风险共担、利益共享等优势的合作伙伴关系。由于战略联盟内部的互补性和跨战略联盟的可替代性，互补战略联盟能通过内部深度合作，从而获得战略优势。面对当前经济全球化的趋势，单一的企业在市场竞争中将面临更多的困难和挑战，越来越多的企业通过战略联盟的形式，在增强自身实力的同时，强化整个联盟经济体的竞争优势，实现利益相关方的价值最大化（尹圆圆，2019）。战略联盟的优势是，联盟经济体伙伴通过它们之间的竞合关系，实现资金、人才、技术、知识、管理等方面资源与优势的整合，进而不仅增强自身的竞争优势与风险抵御能力，还增强市场机会与风险的识别能力与应对能力。同时，联盟伙伴成员风险共担、利益共享，不仅有利于实现整个经济体的利益最大化，还创造了更多社会福利。

经过长期的实践探索，战略联盟已演化出多种形式，具体有股权式联盟、契约式联盟、实体联盟、虚拟联盟、研发联盟、知识联盟等。创新联合体也是战略联盟的一种形式。

（二）整合式创新

陈劲、尹西明等学者基于模糊不定、复杂多变的竞争形势、全球创新研究范式变革以及具有中国特色的创新实践，提出整合式创新理论。该理论是战略视野驱动下的全面、开放、协同的创新，其核心要素是战略、全面、开放和协同，四个要素相互支撑，统一于整合式创新的理论范式中（陈劲等，2017）。根据整合式创新理论，创新不只是研发部门的责任，而是需要纳入企业整体发展战略中，以战略创新引领技术创新和管理创新，实现全价值链的动态整合，真正落实"人人都是创新者"的理念。在整合式创新过程中，不但要注重通过全员、全要素、全时空创新强化技术要素，还要注重对非技术要素的发掘和利用，打造属于自己的独特"双核"——技术核心能力和管理核心能力，从而在新竞争环境下超越中国企业"引进—消化吸收—再创新"的传统追赶模式，加快实现颠覆性技术突破。整合式创新倡导，战略视野驱动，强调从系统观和整体观出发，思考企业技术创新体系的建设和创新过程的管理，重视对国内外环境、行业竞争趋势、技术发展趋势的战略研判，以战略创新引领技术要素和非技术要素的融合进行发展。

通过整合式创新实现对当下关键核心技术的掌握和面向未来的前沿技术的把握，是中国企业超越追赶、实现创新引领发展的关键所在。对于创新型领军企业而言，更为重要的是在非连续性技术创新和战略前沿技术创新方面保持领先，在全球竞争中赢得领先权。

（三）创新生态系统

借鉴生物学中"生态系统"的概念，摩尔（Moore）（1993）最早提倡在管理学研究中使用生态系统的方法来理解企业的复杂创新环境。作为新兴的创新范式与管理理念，创新生态系统意味着企业对创新参与者进行管理以实现共同的价值主张，使创新更有效地满足生态发展的战略需要和用户需求。近年来，创新生态系统在推动创新方面已经取得了学术界和产业界的广泛关注，阿德纳（Adner）将生态系统视为"为了实现核心价值主张，多边合作伙伴保持互动的一致性结构"。杰科毕得斯（Jacobides）（2018）等人通过强调生态成员之间的互补性等特征，对其进行了新的界定，即"生态系统由一系列具有不同程度的多边、非通用互补性的成员构成，这些成员并未受到完全的等级控制"。综合来看，创新生态系统是在强调共同的价值观或价值主张的理念上，通过开放、动态交互、共生和共同演化等促使主体不断进行创新活动，使得成员逐渐从生态优势中获利，并增强生态系统的一致性，推动生态系统的高阶演化，从而保持系统活力，避免在竞争中被淘汰。创新生态系统作为新的战略竞争单元，为企业创新管理的理论与实践提供了分析依据，是创新管理研究的新范式，也是第四代创新管理的模式。

第二节　创新范式

一、整合式创新范式的提出

"范式"这一概念出自美国科学哲学家托马斯·库恩撰写的《科学革命的结构》一书。在库恩看来，科学革命是一个"范式转换"的过程，即由新的科学范式取代统治科学界很长时间的旧范式，从而推动科学理论跨越式的发展。通过梳理创新理论的演变过程，全球经典的创新理论基本可分为三类。一是从局部创新环节切入形成新的创新范式，立足局部思维，其不足是缺少系统性解决创新的能力。如美国学者提出的用户创新、颠覆式创新；日本学者提出的知识创新；韩国学者提出的模仿创新等。二是重视整合横向的知识、资源和人员等要素，如美国学者提出的开放式创新等，其不足是缺少战略引领性，可能导致企业面临诸如开放过度、核心能力不足等风险。三是倚重国家文化或社会因素解决社会重大挑战，如欧洲学者提出的责任式创新、社会创新；印度学者提出的朴素式创新等，其不足是对技术本身的突破性挖掘不充分。

随着我国改革开放的不断深入、经济实力的突飞猛进以及国际地位的日益提升，管理科学界开始引入技术创新理论。特别是 20 世纪 90 年代以来，以许庆瑞、傅家骥等为代表的老一代管理科学学者在创新经济、创新管理、创新政策、创新系统方法论等领域进行的广泛探索，逐渐形成了"中国创新学派"，他们引领了中国的技术创新研究，进一步促进了具有中国特色的创新理论的发展。

但是，现有创新理论侧重于从具体的创新行为、创新方法、创新环节、创新主体等角度理解创新过程，简单地引进或移植西方情境下的创新理论，无法有效解释中国创新活动的典型特征，更无法指导中国情境下的创新实践。本书认为，整合式创新理论源于中国情境与传统文化中的整合思维、系统思维等范式基础，为解析创新活动与实践提供了新思路、新视角。整合式创新以中国文化中的整体思维优势和中国革命实践的矛盾辩证系统为要义，是战略引领下的自主、开放与协同创新范式，它是具有中国特色的企业科技创新的理论。其与国家重大战略需求相结合，符合中国的发展阶段。由此，本书基于整合式创新理论，并在此基础上对其不断丰富与完善，探索建立创新联合体建设的理论逻辑体系。

二、整合式创新的理论逻辑

整合式创新的核心在于从整体观、体系观思考企业的科技创新工作，突破传统创新理念中源于原子论的思维方式，应用中国哲学中的"中道""阴阳整合"思想和中国特色社会主义建设中积累的丰富整体观思想，力图突破二元逻辑，通过战略引领和战略设计，有机整合各项创新要素。这一思想和中国哲学思想一脉相承，更与中国现代国家治理的制度逻辑和新发展理念相吻合，是兼具中国特色和世界意义的创新管理新理论、新范式，对整合国内"集中力量办大事"的制度优势和开放共赢的全球资源优势、健全社会主义市场经济条件下新型举国体制、加快突破关键核心技术"卡脖子"问题、培育世界一流企业等方面，都具有重要的理论价值与实践价值。

我国企业创新发展的挑战和机遇并存，既要避免因过度开放而导致的核心能力缺失和"卡脖子"问题，又要防止因过度强调自主而丧失对全球创新网络与全球科技治理的谋划、融入，以及构建新型开放创新生态的机遇。在全球范围内重大突破创新难度加大，创新成本普遍上升，创新活动日益细分的大趋势下，跨越企业边界，抱团创新，开放创新，基于整合式创新理论组建创新联合体就成为当前全球创新活动中一种新潮流。

该理论范式在自主创新、开放创新、协同创新和全面创新的基础上，将"战略引领"置于统领位置，强调升维思考和全局观而形成的自主创新与开放创新协同发展的范式。"战略"作为创新活动的方向选择，"开放"划定获取资源的范围与知识流动的边界，"协同"提供创新主体关系联结和协调的分析基础，"全面"阐释创新管理过程中的要素、人员与时空统一，"中国情境"作为一种创新活动的价值观嵌入，这些都提供了整合式创新框架的解释意义。基于整合式创新范式组建创新联合体，通过战略引领和战略设计，将创新各要素有机整合，为企业和国家实现重大领域、重大技术的突破和创新提供理论支撑。

三、整合式创新的方法论

熊彼特在《经济发展理论》中将创新与发展紧密相连，认为创新是经济发展的根本现象，发展是创新的函数，也是创新的结果。通过创新催生新的技术、产品和产业，打破旧有的均衡，再通过新的创新进一步打破已有的均衡，如此反复螺旋上升，推动产品和产业不断升级，引领经济高质量发展。因此，创新不同于科技活动之处在于，其是一种市场行为，必须面向实际应用，能够接受市场的检验，更要遵循投入和产出的规律，带来"生产函数的变动"。基于这样的定位，直面市场并直接参与市场竞争的企业无疑是创新的主体，今后更应成为创新的主导者。企业在创新活动中的主导作用集中体现为创新投入、创新组织、创新决策、创新应用，企业既是技术创新风险的承担者，同时也是创新利益的最大享用者。

（一）企业主导创新决策

党的二十大报告指出，"加强企业主导的产学研深度融合，强化目标导向，提高科技成果转化和产业化水平。强化企业科技创新主体地位，发挥科技型骨干企业引领支撑作用"，这表明企业在国家创新体系里面的地位进一步提高，二十届中央财经委员会第一次会议再次强调，"要加强关键核心技术攻关和战略性资源支撑，从制度上落实企业科技创新主体地位"。在科技创新体系中，企业天然具有联结科技与产业的动力，拥有对创新要素优化配置的主导地位，可以有效解决科技成果"科学研究、实验开发、推广应用"的"三级跳"。企业主导创新决策，在更大范围、更深程度参与国家科技创新决策的过程，围绕国家重大战略开展研发（胡志平，2023），深刻洞悉新一代信息技术、新材料、新能源、新装备、生物技术等与工业技术的交叉融合的趋势，前瞻性地引导新一轮科技和产业革命的发展方向，持续催生对人民群众生产生活影响巨大、对经济社会具有全局带动和重大引领作用的新场景和新业态，支撑未来经济增长，影响未来发展方向，发挥企业作为科技创新"出题人""答题人""阅卷人"的作用。

（二）企业主导创新投入

创新是企业发展的内生需求，企业是突破关键技术的主要载体，是创新投入的主力军。创新链上的各企业都与领军企业存在上下游投入、产出的关系，科学高效的研发投入是企业孵化新技术的关键。企业作为创新的主导者，与高校、科研院所展开协同创新，通过投资参与基础科学发现向新技术转化的过程，为将新思想孵化为新技术提供研发投入，抢占新技术的先机，实现更高质量的基于科学的创新。领军企业可以利用自身市场份额较大、研发体系较为完善、研发资金较为充裕以及参与或负责产品、服务、技术标准制定等优势，对接高校、科研院所，向其发布研发任务清单，为其提供研究经费和科技成果转化基地，协调各主体在创新联合体中的行为，提高科技创新成果转化的效率。企业主导创新投入应当与国家的发展战略、产业和科技的变革方向、企业的长期发展需求保持一致。

（三）企业主导创新组织

熊彼特认为企业家最主要的职能和本领就在于可以把各种主体和要素创新性组合在一起，从而催生出新型生产力。作为企业家，一旦只是执行日常的管理职能，不能有效地组织创新，那就不能称为企业家，只能是管理者。因此，科研组织实施的主导者理应是企业主导创新的一大主要角色。企业扎实推进国家技术创新中心、国家工程中心、国家重点实验室等国家级创新平台建设，形成自主创新的核心能力和主导能力，并以此为基础牵头组建创新联合体，开展基于共同目标、资源共享、成果转化、风险共担的重大科研和关键核心技术攻关，继而形成"以企业作为出题者、其他所有资源作为答卷人"的创新模式，共同推动协同创新生态体系发展。企业主导的产学研协同创新，不仅要求创新型领军企业自身具备强大的科研攻关能力，也要求企业能够有效主导目标导向不一致的高校和科研院所的基础科研供给。这对创新型领军企业的创新组织和集成能力提出了很大挑战，意味着需要综合运用揭榜挂帅等新机制，国家技术创新中心、创新联合体、企业研究院等新平台，以及整合式创新和融通创新等新范式。

（四）企业主导创新应用

科技成果转移转化的周期长、专业性高、不确定性大，往往需要半年甚至一年以上时间进行运营投入才能达成交易。目前，高校院所的科技成果转移转化主要依赖教师和研究人员的产学研合作关系，而职务发明人自己卖技术或者自己实施转化的技术转移效率较低。因此，只有由科技成果的最终使用方企业来主导成果转化过程，才有可能真正提高转化效率。领军企业可以利用自身市场份额较大、研发体系较为完善、研发资金较为充裕以及参与或负责产品、服务、技术标准制定等优势，对接高校、科研院所，向其发布研发任务清单，为其提供研究经费和科技成果转化基地，协调各主体在创新联合体中的行为，提高科技创新成果转化的效率。

（五）企业主导创新产业

绝大部分与产业、市场紧密相关的技术攻关和研发创新，要始终将企业作为主导者和牵头方，将企业、高校、科研院所等创新主体有机结合起来，构建高效协同的产学研创新体系。在这个体系中，企业主导的产学研合作创新可以直接面向产业需求，能够在研发资金、行业资源与先进设备等方面提供较好的支持，促进科技成果，推动人才、资金等创新要素向企业聚集，引导高校院所、科研机构等其他创新主体共同参与企业创新活动，形成更高层次的创新合力，推动创新链、产业链、资金链、人才链深度融合。围绕产业链布局优化创新链，以产业链关键环节上重点企业研发需求为切入点，开展基础研究、前沿技术研究，探索构建以企业为主导，各创新主体分工协作、优势互补的产学研合作的新机制、新模式。

四、整合式创新应用的现实基础

科技创新广度不断加强、深度持续加大，关键核心技术的研发往往跨越多个领域，依靠传统单打独斗已难以形成强劲的战斗力。实践表明，适应科技创新范式变革，组建由企业主导的创新联合体，把创新资源要素聚合起来、协同起来，已成为实现关键核心技术突破的有效组织模式。但企业的创新主体地位还不够突出，特别是由领军企业主导的创新联合体共同攻关关键核心技术的情况不多见。

（一）企业作为创新主体的现状

1. 企业成为研发投入主要贡献者

在以习近平同志为核心的党中央坚强领导下，我国科技事业实现了历史性、整体性、格局性重大变化，科技实力跃上新的大台阶，2022 年全国的研发经费总投入达到 30 870 亿元，首次突破 3 万亿元大关，研发投入强度首次突破 2.5%，研发人员总量保持在世界首位。世界知识产权组织发布的全球创新指数报告显示，我国创新型国家排名由 2012 年的第 34 名上升为 2022 年的第 11 名。截至 2022 年，国家重点研发计划中企业牵头或参加的项目占比已接近 80%，截至 2023 年年底，企业研发投入在全社会研发投入中的占比已超过 77%。

2. 企业成为技术创新成果主要产出者

根据国家知识产权局数据显示，截至 2022 年，我国高新技术企业、专精特新"小巨人"企业拥有有效发明专利 151.2 万件，占国内企业拥有总量的 65.1%，较上年同期提高 0.5%。截至 2023 年年底，我国国内拥有有效发明专利的企业达 42.7 万家，较上年增加 7.2 万家，国内企业拥有有效发明专利 290.9 万件，同比增长 25.2%，占比增至 71.2%。

3. 企业成为科技成果转移转化主要承载者

根据《2023 年中国专利调查报告》和《2023 年国民经济和社会发展统计公报》数据显示，2023 年我国企业有效发明专利产业化率稳步提升，专利转化运用效益持续提高。2023 年，我国企业发明专利产业化率为 51.3%，较上年提高 3.2%，连续 5 年保持增长态势。其中，国家高新技术企业发明专利产业化率达到 57.6%，较上年提高 1.5%。2023 年，我国企业用于自主品牌产品的发明专利产业化平均收益，是用于代加工产品的发明专利产业化平均收益的两倍多，专利与品牌综合运用效益更加突出。在成果转化方面，2023 年全国共登记技术合同 945 946 项，成交金额 61 475.66 亿元，分别比上年增长 22.5% 和 28.6%。

4. 科技型企业队伍不断壮大

高新技术企业的数量相较于 2012 年的 3.9 万家，翻超 10 倍达到 2022 年的 40 万家，在研发投入上占全国企业的 68%；中小型科技企业数量达到 50 万家，贡献了全国企业 68% 的研发投入。累计涌现了 7 万多家"专精特新"中小企业，2022 年新上市公司中"专精特新"中小企业占 59%。有 762 家中国企业已经步入全球企业研发投入 2 500 强的行列。发展潜力方面，中国独角兽企业在 2022 年达到 368 家，占全球总数的 23%，相较于 2021 年增长 74 家。整体上，我国企业创新实现了量质齐升，企业创新主体地位不断强化。

（二）企业作为创新主体的不足

1. 企业研发投入不足

企业基础研究投入低。基础研究主要是为了获得基本原理、规律和新知识，其研究周期长、不确定性高、不能直接产生经济效益，而部分企业追求中短期利益，不愿为基础研究投入较大成本、承担较大风险。根据《2022 年全国科技经费投入统计公报》（以下简称《公报》）显示，2022 年中国全社会研究与试验发展（R&D）经费投入首次突破 3 万亿元大关，比上年增长 10.4%，经费投入强度（研发经费与 GDP 之比）较快提升，达到 2.55%。其中，我国企业 R&D 经费占全国的比重已超过 3/4。2022 年全国基础研究经费 1 951 亿元。占 R&D 经费比重为 6.32%，企业基础研究经费占研发经费的比例不足 7%，远低于高校（49%）和研发机构（39%）。从整体研发投入上看，中国企业主要投入在应用研究和试验发展上，在核心技术基础研究投入上与欧美、日、韩等国家先进企业相比仍存在差距。企业对基础研究经费投入不足成为制约科技创新发展的"短板"，给重大原创成果持续产出造成负面影响，不利于在关键核心技术环节突破"卡脖子"困境。

企业研发人员比重低。从基础研究人才分布来看，基础研究人才主要分布在高校、科研院所以及部分科技型企业。根据《中国科技统计年鉴2022》数据显示，基础研究人员分布在高校为 28.47 万人，研究与开发机构为 10.31 万人，企业为 2.34 万人，三者分别占基础研究人才总体的67.7%、23.1%和5.9%。虽然近年来我国企业的基础研究人员占比持续提升、人才队伍结构不断优化，但在以基础研究人员为特征的科技结构分析中，我国高等院校的 R&D 人员规模在科技结构中占据绝对优势，企业对基础研究重视与投入均不足，存在开展定向基础研究的意愿不高、投入不足、在国家基础研究布局中参与度较低等问题，此外，研发人员中顶尖基础研究人员不足。

2. 企业创新主体地位体现不够

当前，国家重大科技创新政策制定、规划编制等战略性决策环节，主要由来自高校、科研院所的专家主导，企业在此过程中参与范围小、参与比例低及话语权相对较弱。企业参与制定创新政策的途径较少、深度不足，在政策研究起草、文件审议过程中，主要以座谈会、问卷调查、书面征询等方式征求企业专家的意见和建议，参与深度受到限制。国家重大科技项目指南编制组组长和专家主要来自高校及部分科研院所，企业专家以参与指南编制的研讨为主，基本不直接参与指南编制工作。国家重大科技创新项目立项、评审、验收、奖励、推广等关键节点的评审专家组，以高校院所的专家为主要构成，企业的专家占比相对较少。企业专家参与指南编制的相关机制尚未健全，重大科技项目设置和研究领域的筛选尚未充分反映企业发展诉求。面向高水平科技自立自强，建设现代化产业体系的抓手在企业，需要高度重视发挥企业，包括科技领军企业、科技型骨干企业在精准把握产业共性需求、汇聚集成科技创新要素、引领组织协同攻关的优势，以及"专精特新"中小企业和新创企业在打造韧性供应链、促进前瞻性颠覆性前沿性技术机会捕捉的灵活优势，提升重点领域项目、基地、人才、资金一体化配置效率（朱焕焕，陈志，苏楠，2023）。

3. 企业主导创新动力不足

企业更为关注技术应用落地，导致参与创新联合体合作的积极性不足。自改革开放以来，中国技术引进成效显著，然而日本、韩国是先技术引进再创新，但中国仍是依赖引进、重复引进。随着国内企业对创新重视程度逐步提高，我国企业对创新需求更为迫切。但由于企业的风险规避意识，认为创新研发投入高且不一定产生成果，从而往往选择购买能直接产业化应用生产的技术。在组建创新联合体过程中，由于创新联合体内的多方主体功能诉求存在差异，企业担心商业秘密、核心技术和战略方向被创新联合体成员泄露，高校也常常面临技术秘密的泄露风险。此外，由于知识产权利益分配、成果归属等"难题"，各创新联合体之间协同难度较大，影响了创新联合体内部合作的紧密性，进而影响合作创新深度。创新联合体需要突破的核心技术壁垒多且创新耗时长久，牵头者需要承担较高的创新风险，对领军企业组建创新联合体的信心造成负面影响，容易导致合作动力不足。

4. 企业主导产学研协同机制不健全

一方面，相比其他创新单元，领军企业中，国有企业的创新主导权不够，缺乏对创新方向自主把握的能力，且民营企业创新位势较低，整合创新资源的能力较弱。另一方面，高校、科研院所的协同创新性不足，一是由于科研人员的考核内容注重论文数量、科技奖励、科研项目及经费等指标，不包含科技成果产业化应用和推广等内容，科研人员不注重与企业、产业的横向合作；二是由于高校的重点实验室和工程技术中心等重大科技平台对创新联合体内企业科研人员的开放程度不高，缺乏开放共享的科技创新基础。

（三）企业主导创新的战略价值

坚持创新在现代化建设全局中的核心地位，把科技自立自强作为国家发展的战略支撑。企业在国家科技创新体系中占有十分重要的地位，加强企业主导的产学研深度融合，强化目标导向，提高科技成果转化和产业化水平，既实现关键核心技术自主可控，又促进新技术产业化、规模化应用，完善产业链、创新链与价值链，提升国家创新体系整体效能。其战略价值具体体现在以下三个层面。

宏观层面，由企业牵头组建创新联合体，解决科研和经济"两张皮"问题，必然要求加快转变政府科技管理职能，完善国家重大科技项目管理制度，发挥好政府在科研管理方面的组织优势。牢牢坚持科技创新和制度创新"双轮驱动"，以问题为导向，以需求为牵引，在实践载体、政策保障、环境营造上下功夫，深化科技体制改革，在创新主体、创新资源、创新环境等方面持续用力，强化国家战略科技力量，提升国家创新体系整体效能。

中观层面，创新联合体体现的是国家的战略意志与市场的价值主张，因此以问题和需求为导向，聚焦产业核心竞争能力的提升，从全球产业链发展布局体系的角度推动创新链、产业链、资金链、人才链的深度融合，更好地把科技力量转化为产业竞争优势，引导创新联合体聚焦提升区域发展和产业创新，科学评判创新联合体的技术协同攻关任务。同时改革科研立项机制，充分发挥行业科技领军企业"出题者"的作用，提出联动产业链上下游的研发目标，确定有望在短时间内实现突破的关键核心技术问题清单，研究制定某领域关键技术协同攻关的方向路线，确定创新联合体要达成的目标。

微观层面，领军企业在产业链创新链中占有重要地位，能够把握关键核心技术的前沿导向，并具有较强的研发领导能力与抗风险能力，以其为主导构建创新联合体，有助于提升整个创新链上下游企业的技术水平，能够有效整合各创新主体资源，促进各类创新要素向领军企业集聚，协调各创新主体行动，推动产业链、创新链融合。在集中力量实现关键核心技术、前沿引领技术、现代工程技术攻关突破过程中系统地提升企业技术创新能力，强化企业技术创新主体地位，引领全链贯通和全要素融合创新。

五、整合式创新的实现路径

（一）价值协同

创新联合体是在强化科技力量的国家战略背景下提出的一种促进产学研协同和科技创新成果转化的新型组织形式，以领军企业为主导、高校院所支撑、各创新主体相互协同的创新联合体，包括领军企业、政府、高等院校、科研院所、其他企业、中介服务机构等主体，各创新主体有着各自独特的利益目标和价值追求。协调好各创新主体之间的关系，建立起稳固的合作纽带，才能推动各主体在协同的过程中形成创新合力，迸发出科技创新的磅礴力量。领军企业与创新联合体其他成员通过创新资源配置、交互和整合构筑协同演化能力，共同创造价值。在协同创新过程中，各主体通过异质性资源互补融合以及知识协同共享，助力联通价值、资源转移价值、交互价值、协同价值的实现。

（二）知识协同

协同创新更加注重各个创新主体之间动态的知识协同以及实时共享，是知识在合作组织间的转移、吸收、消化、共享、集成、利用和再创造，本质上是企业、大学和科研机构等将各自拥有的隐性知识与显性知识进行相互转换和提升的过程。由于联盟与合作削弱了单个组织对创新的掌控，从而增加了知识产权的矛盾，提高了知识产权交易的费用。在这个过程中，协同创新各行为主体共同参与知识创造和技术开发，通过专利许可、联合研发、共同参与会议、学术创业、非正式研讨、项目培训、人员交流等多种形式，共同享有人才、技术、资金、信息等资源，通过相互协作，促进交叉知识、衍生知识、隐性知识的融合学习，提高科技创新、技术创新、成果产业化的水平。在实际过程中，需要重视隐性知识的显性化、组织间的学习效应、知识界面的管理等环节，以提高知识转移中的黏度。

（三）组织协同

协同创新不仅取决于宏观战略的统一认识和行动，更取决于微观主体的积极参与。相得益彰的管理方式与组织架构，是创新系统能够形成合力的保障。创新联合体在科研课题选择上实现战略导向与市场需求的有机结合，并在创新过程中注重对于各个创新主体的组织与管理，根据不同科研课题的特性构建合适的组织框架和运行特性，保证科研产出的质量与效率。围绕企业建立政府引导、高校院所支撑、各创新主体相互协同的创新联合体，能够通过市场需求引导创新资源有效配置，从观念层面、体制层面、机制层面推动我国自上而下的创新组织形式向自下而上的新型协同创新形式转变。通过组织文化建设、管理制度建设，增强各方对新组织的归属感，促进创新资源的跨界扩散。组织协同创新的结构越合理，合作默契度越好，创新成果转化率也就越高。

（四）利益协同

在创新活动中，企业追求最大利润，大学追求科研成绩，政府追求社会福利，这种目的的分歧影响着各方对合作利益的评判，为此必须认同与包容各方行为的差异性，达成互赢的心理预期与信任的合作关系。在协同过程中，各方必须准确判断自身的优劣势，廓清彼此的责任及利益分割，特别是要在利益分配、风险承担等敏感问题上达成利益平衡点，以获得创新的内聚力。

第三节　本章小结

　　本章对创新联合体理论基础进行了详细的阐释，并通过理论支撑，构建和描述了创新联合体建设的理论逻辑体系。一是结合学术界和实践探索提出创新联合体的概念；二是通过对目标导向、组建条件、组建模式、运行机制四个方面分析创新联合体的特征；三是从举国体制制度、战略科技力量、创新资源整合、高效协同组织、市场化配置五个方面介绍创新联合体的整体优势；四是从主体构成、服务支撑、环境资源三个方面分析创新联合体的要素；五是系统地对创新联合体建设进行理论溯源，从战略联盟、整合式创新及创新生态系统视角构建理论体系，对创新联合体创新范式提出奠定基础，并以整合式创新理论为基础，通过对整合式创新理论逻辑、方法论、应用现实基础、实现路径的研究，建立创新联合体建设的理论逻辑体系。

第三章 发展现状

第一节 创新联合体建设现状

一、现状分析

世界发达国家政府对建设创新联合体非常重视，从政府服务体系、政策法规、人力资源、科研经费投入等方面的管理给予全方位的扶持，国内部分地区也开展了先行先试，在政策方面进行了一定的探索，借鉴这些先进经验，有利于我们进一步加强创新联合体的建设工作。

（一）创新联合体建设总体概况

自 2020 年 11 月 3 日发布的《中共中央关于制定国民经济和社会发展第十四个五年规划和二〇三五年远景目标的建议》中提到"推进产学研深入融合，支持企业牵头组建创新联合体，承担国家重大科技项目"以来，国内政策环境逐步建立，但组建创新联合体的研究和实践仍在摸索阶段。

一是地方积极响应。例如，山东省政府工作报告提出，拓宽企业参与省级以上重大科研项目渠道，鼓励企业牵头组建创新联合体，打造优良创新生态；江西省政府工作报告提出，深入实施高端研发机构共建行动，支持企业依托产业链组建体系化、任务型创新联合体，引进共建高端研发机构（沈慧，2023）；山西省政府工作报告提出，抓住省属国有企业新一轮战略性重组基本完成的机遇，把大型企业培育成高科技领军企业的排头兵，支持领军企业组建创新联合体；吉林省政府工作报告明确提出，支持中国一汽集团、吉化集团、长客股份公司等领军企业开展产业集成创新试点，组建创新联合体。

二是部分单位正在探索。各地积极行动，已经有不少省市开始探索创新联合体的有效路径，尝试在各行业组建创新联合体。例如，江苏省在现代农业领域组建"江苏省设施果蔬智能生产""稻麦种、药、肥一体化"等6大创新联合体，由江苏省农业科学院牵头、52个科研团队及企业共同组建，围绕现代种业、绿色生产、智慧农业等关键领域，进行长期的、深度的产业研融合创新（蔡姝雯，2021）；中国石油大学（北京）与中国石油勘探开发研究院、中国石油大学（华东）共建中国石油测井校企协同创新联合体，注重瞄准世界油气测井行业前沿领域，聚焦中国石油重大技术需求，为油气增储上产、提质增效发挥支撑作用。截至2023年，出台正式文件对创新联合体的建设目标、组建方式、管理模式等方面情况进行统一部署的地区有陕西、浙江、广西等。

三是已形成探索路径。一是聚焦特定产业领域，引导具备条件的企业加大研发攻坚，联合产业链上下游创新主体构建新型创新创业载体，从产业技术研究院（研究所）到创新创业共同体再到创新创业联合体，全力推进科技创新，充分发挥企业创新创业潜能，如山东省在全国率先探索创新出台《关于打造"政产学研金服用"创新创业共同体的实施意见》；二是布局以高新技术产业为主的未来产业方向，针对技术和产业发展的未来方向、高新技术产业发展需求进行建设，联合股东单位、高校和其他中小微企业的研发力量，成立关键共性技术研发平台，如上海着力打造未来产业创新高地、发展壮大未来产业集群；三是跨区域协同构建创新联合体，在区域一体化、区域性产业集群发展的背景下，打造跨区域的协同创新机制、建设科创走廊、在更大范围内进行联合创新发展，如武汉产业创新发展研究院与京津冀国家技术创新中心联手打造跨区域高能级协同创新共同体。

（二）创新联合体建设政策基础分析

1. 国家层面创新联合体建设政策指引

2018年中央财经委员会第二次会议首次提出"创新联合体"这一概

念，2019 年 8 月，科技部颁布《关于新时期支持科技型中小企业加快创新发展的若干政策措施》，提出组建创新联合体"揭榜攻关"，这也是国家科技政策中首次出现创新联合体这一概念。

党的十九届五中全会公报及 2020 年 11 月《中共中央关于制定国民经济和社会发展第十四个五年规划和二〇三五年远景目标的建议》指出，创新联合体的成立与承担国家重大科技项目紧密关联，在批准成立之时即具备承担国家重大科技项目的资质，进一步强调了"支持企业牵头组建创新联合体，承担国家重大科技项目"，明确提出创新联合体要引导建设由大企业引领支撑、中小微企业积极参与，产学研各方积极支持的融通创新平台的发展使命，从而在集中力量突破关键共性技术、前沿引领技术、现代工程技术过程中系统提升企业技术创新能力，强化企业技术创新主体地位，这也是创新联合体的基本功能定位。

2020 年 12 月中旬召开的中央经济工作会议指出，支持有条件的地区建设国际和区域科技创新中心，并发挥企业在科技创新中的主体作用，支持领军企业组建创新联合体，带动中小企业创新活动的开展与实施。这是中央首次明确支持创新联合体由领军企业牵头组建，并带动中小企业创新活动。

2021 年 5 月在中国科学院第二十次院士大会、中国工程院第十五次院士大会、中国科学技术协会第十次全国代表大会上，习近平总书记强调，"要发挥企业出题者作用，推进重点项目协同和研发活动一体化，加快构建龙头企业牵头、高校院所支撑、各创新主体相互协同的创新联合体，发展高效强大的共性技术供给体系，提高科技成果转移转化成效"。习近平总书记还强调，"创新链产业链融合，关键是要确立企业创新主体地位。要增强企业创新动力，正向激励企业创新，反向倒逼企业创新"。由企业牵头组建创新联合体，是实现将企业作为创新主体来提升技术创新能力这一目标的重要举措。此后，"按照市场机制联合组建创新联合体，协同推进研究开发与科技成果转化"被写入新修订的《中华人民共和国科学技术进步法》。2022 年 4 月中央企业创新联合体工作会议中提出推动央企打造"创新联合体升级版"。

2. 省级层面创新联合体政策概况

在 2021 年各地的政府工作报告中，建设"创新联合体"被频频提及。目前多个地方政府都提出了支持领军企业组建创新联合体的方针性意见，并且甘肃省和陕西省等地出台了具体的政策措施，如甘肃省出台的定向委托重大科技项目，组建省级共性技术平台和高端智库、鼓励构建自主知识产权体系和科技成果转化等支持措施，见表 3-1。

表 3-1　各省关于创新联合体建设的重要政策规定

省份	时间	文件	主要内容
北京市	2020.12	中共北京市委关于"十四五"规划和 2035 年远景目标的建议	强化企业创新主体地位，促进各类创新要素向企业集聚……支持企业牵头组建创新联合体； 主要是围绕"三城一区"、中关村一区 16 园重点区域和产业发展需求，以解决制约区域和产业发展的关键共性核心技术和"卡脖子"技术为目标，以问题和市场需求为导向，以项目需求为牵引，由行业龙头企业、重点园区牵头，区科学技术协会或学会共同参与发起建设一批区域创新联合体、重点产业创新联合体……形成产学研深度融合的技术创新体系
陕西省	2021.3	陕西省创新联合体组建工作指引	预计到 2023 年，在主导产业、战略性新兴产业、风口和未来产业，围绕制约产业发展的"卡脖子"技术和产业共性关键技术，组建 30 个左右的创新联合体，并对支持创新联合体组建提出了具体措施
甘肃省	2021.3	甘肃省企业创新联合体组建与运行管理办法（试行）	支持企业牵头组建创新联合体； 在创新联合体如何开展联合攻关、如何实施内部项目和承担重大项目、如何建立利益共享机制、如何进行科技成果转化、国际交流和人才培养等方面提出了具体的政策措施； 甘肃省将对联合体给予一系列支持

表3-1(续)

省份	时间	文件	主要内容
浙江省	2021.6	关于组织开展2021年省级创新联合体组建工作的通知	联合体是充分发挥政府作为创新组织者的引导推动作用和企业作为技术创新的主体地位和主导作用，以关键核心技术攻关重大任务为牵引，由创新能力突出的优势企业牵头，政府部门紧密参与，将产业链上下游优势企业、科研机构和高等院校有效组织起来协同攻关的任务型、体系化的创新组织； 省科技厅通过"揭榜挂帅"方式设立创新联合体攻关专题，并提出一系列支持措施
广西壮族自治区	2021.10	广西壮族自治区创新联合体建设管理工作方案（试行）	创新联合体主要工作任务是开展联合攻关和技术研发、建设公共技术服务平台以及服务区域协同发展，并促进科技成果转移转化，在培育形成自主知识产权和技术标准的同时，还要加强国际国内交流，并提出具体支持措施
江苏省	2022.3	关于组织开展2022年江苏省创新联合体备案试点工作的通知	明确提出"加快构建以企业为主体、以市场为导向、产学研相结合的技术创新体系，引导创新型领军企业牵头整合产业链上下游资源，共同组建体系化、任务型的创新合作组织和利益共同体"
上海市、浙江省、江苏省以及安徽省	2022.9	三省一市共建长三角科技创新共同体行动方案（2022—2025年）	到2025年，长三角科技创新共同体创新策源能力全面提升，若干优势产业加快迈向世界级产业集群，区域一体化协同创新体制机制基本形成，初步建成具有全球影响力的科技创新高地
海南省	2022.9	海南省创新联合体建设实施方案	到2025年海南省将组建10个以上创新联合体，促进科技成果产业化、规模化应用，带动创新链与产业链融通发展，促进产业链转型升级，并提出对应的支持措施
云南省	2022.12	云南省创新联合体建设管理工作方案（试行）	明确了创新联合体功能定位、组建原则、主要目标、组建条件等； 鼓励民营企业牵头或作为成员单位参与创新联合体建设； 云南省将对创新联合体提供的支持包括科技项目支持、平台建设支持、科技金融支持、派驻科技特派员、参与科技创新决策

在地方组建创新联合体实践中，各省份都紧紧抓住了领军企业这一关键组织特性，在组建条件中设定了创新联合体牵头单位应具备的基本条件。综合各省份设定的资格条件来看，独立法人资格、创新组织能力、聚集高水平研发人才队伍能力以及科技创新核心平台建设能力是创新联合体牵头单位必须具备的核心条件。

在对创新联合体的监管方面，北京市提出对创新联合体进行年度考核，创新联合体工作必须以项目为载体，建立长效机制。陕西省要求牵头单位组织不力、未按共建协议履约的，取消创新联合体资格并且其三年内不得牵头组建或作为核心层参与其他创新联合。广西壮族自治区对创新联合体经费也制定了相应的管理办法。

在创新联合体的资源配置方面，各省都提出市场配置资源是最有效率的形式。充分发挥市场在资源配置中的决定性作用的同时，也要发挥好政府作用，支持领军企业组建创新联合体。创新联合体组织实施的关键在于明确任务导向和建立体系化运行机制。一是以明确的攻关任务为目标，任务来源主要通过国家和省级的重大科技计划项目选取。如江苏提出通过"揭榜挂帅"等多种形式申请承担国家和省重大科技计划项目。二是牵头企业与成员单位合作建立尊重市场规律的优势互补、分工明确、成果共享、风险共担的体系化运行机制。一方面，建立实体化运作机构，如江苏和浙江均提出组建实体性创新联合体，落实国家目标或满足区域重点产业发展需求；另一方面，建章立制，规范和保障创新联合体运行。陕西和浙江均要求牵头单位与成员单位签署具有法律约束力的《创新联合体组建协议》。通过协议明确技术创新目标，任务分工和成员单位的责任、权利和义务，科技成果和知识产权归属，许可使用和转化收益分配办法以及违约责任追究方式等，保障成员的合法权益，形成定位清晰、优势互补、分工明确的协同创新机制。

（三）创新联合体建设实践现状分析

现有创新联合体的建设经验表明，由政府引导、行业领军企业主导的创新联合体能够更有针对性、更高效率地调动区域内优质创新资源集聚，是提升本国关键核心技术自主研发实力的重要途径。

1. 企业牵头组建的创新联合体

（1）华为牵头组建智能汽车创新联合体

①基本情况

2013 年，华为从车载通信模块进入车联网业务领域，逐步发展智能汽车业务，培养华为技术伙伴团队，帮助传统汽车制造企业实现电动化、智能化转型。

②主要做法

第一，数据赋能。一是数据资产开拓赋能。华为通过无处不在的连接+数字平台+无所不及的智能，与长安、广汽、北汽等传统汽车制造龙头企业联合创新，构建智能汽车开放式创新网络，制定标准化解决方案，共同定义产业标准。二是数据资产利用赋能。华为充分利用 5G 技术优势、深度学习等数字化技术，实现自身及其他创新主体价值创造各环节的数字化变革，改变价值创造逻辑，帮助传统制造业集群龙头企业创新要素重组，催生融合型智能汽车产品和新生型智能汽车产品。

第二，跨界网络协同。一是跨界战略网络协同。华为围绕智能汽车关键核心技术攻关需求，统筹布局和配置国内外创新资源，从整车视角制定数字安全方案，强化科技攻关的基础能力保障，为传统汽车龙头企业长安、广汽、北汽等提供总体集成产品或一站式解决方案，打造富有创新韧性的智能汽车创新联合体。二是跨界组织网络协同。华为以开放共赢的 Hicar 创新生态建设为突破口，在传感器以及应用算法等领域与长安、广汽、北汽等合作伙伴深度融合，同时鼓励超级消费者深度参与生产过程，开展跨界价值链重构。通过在智能汽车零部件方面的技术和成本优势切入智能汽车硬件供应链网络，开展跨界供应链重构。三是跨界制度网络协同。华为通过数字孪生技术精准识别、匹配、整合外部创新资源，实现跨行业、跨区域创新主体参与，相继与一汽、上汽、东风、长安、奥迪、奔驰等企业开展深度合作，并与北汽蓝谷联合设立"1873 戴维森创新实验室"，共同开发智能网联电动汽车技术。

第三，协同演化动态能力。一是协同演化动态识别能力。华为通过与清华大学、天津大学、华东理工大学、北京航空航天大学、中船重工 702

研究所等院所建立全方位、深层次、专业化协同创新平台，培育组织柔性能力，激活组织内部冗余资源，捕捉市场机会。二是协同演化动态运营能力。华为运用数字技术建立智能汽车业务创新联合网络空间，并对传统汽车制造企业产品生产流程开展数字化改造，从而实现降本增效和生态间协作。三是协同演化动态学习能力。华为通过开放式接口与科学家、普通消费者、设计师、技术持有者、技术需求者、传统汽车制造厂商进行知识交互，帮助互补性技术连接到核心技术，交互过程中形成深度学习，激发互补者创新，催生出一系列创新产品，进而创造更高价值。四是协同演化动态管控能力。华为通过软硬系统解耦帮助传统汽车行业与 ICT 产业融合，例如，华为不仅帮助本田汽车设计仿真计算通用平台，提供高性能计算解决方案，提高碰撞、流体、构造等关键技术领域的仿真计算能力，而且帮助上汽构建研发 HPC 平台，研发效率提升 30% 以上。见图 3-1。

图 3-1　智能制造核心企业牵头组建创新联合体的过程框架

③主要成效

华为牵头组建的智能汽车创新联合体突破智能汽车整体架构和自动驾驶关键技术，如华为与北汽新能源合作的极狐阿尔法 S、与长安合作的长安 CS95、与小康合作的 SF56 搭载多合一 DriveONE 电驱动系统等，产品功能颠覆式创新。采用联合设计、联合开发模式，在生产制造过程中智能制造核心企业发挥智能零部件优势，北汽、长安、广汽等传统汽车企业形成大规模协同制造，带来汽车行业整体效率质变。

（2）海尔创新联合体案例

①基本情况

海尔集团与西安交通大学聚焦软件和信息服务、人工智能、新能源、新材料、能源动力、网络安全、生物医药等领域，推进"1+1+6"的合作，即共建海尔西北（西安）研发中心，共建双创示范平台，赋能智慧家庭、工业互联网、大健康等6类产业的科技创新。

②主要做法

第一，搭建创新联合体投资现有技术。在当前产品向迭代产品进化的过程中，海尔通过技术搜寻，在国内外市场上以并购、技术许可或技术购买等形式从技术拥有企业获得目标技术，将其创新应用于新产品，实现对当前产品的迭代升级。如海尔在并购新西兰斐雪派克、美国GEA之后，通过联合研发的厨电、洗衣机等首创产品频频亮相，切实实现企业价值与用户价值的双提升。

第二，搭建创新联合体进行技术成果二次研发。海尔的HOPE平台汇聚高校、科研机构、大公司、创业公司等群体，覆盖100多个核心技术领域，链接全球超过100万家资源方，为技术、知识和创意的供应方和需求方提供交互场景。

③主要成效

海尔通过并购、技术购买、产学研合作等形式布局创新链，提高外源性创新能力，同时在企业内生性创新能力的支撑下，共同实现企业技术创新目标。

2. 政府牵头的创新联合体

（1）之江实验室

①基本背景

面对全球新一轮科技革命与产业变革新形势，之江实验室于2017年9月6日正式挂牌成立，由浙江省人民政府、浙江大学、阿里巴巴集团共同举办，聚焦智能领域基础研究与技术创新，以"一体两核多点"的体制机制汇聚各方创新要素，探索社会主义市场经济条件下关键核心技术攻关新型举国体制。

②主要做法

第一，新型运行管理体制。一是之江实验室按照"一体两核多点"的架构组建。以具有独立法人资格、实体化运作的之江实验室为"一体"，以浙江大学和阿里巴巴集团为"两核"，以国内外高校院所、央企、民企优质创新单元为"多点"，为实验室建设发展汇聚优势力量。二是之江实验室定位为混合所有制事业单位，将企业化的管理运营方式引入实验室运行机制中，充分激发创新活力。三是实行理事会领导下的主任负责制。理事会负责重大决策，学术咨询委员会提供决策咨询，实验室主任全面负责运行管理，保障决策的科学化。

第二，高端人才集聚与激励机制。一是采取灵活的招才引智政策。同"两核多点"单位间建立"双招双用""双聘双挂"的人才交流共享机制，创新实行人才联合引进、人员双聘互聘、团队整体导入、PI 项目组阁等引才政策，完善建立成果互认、收益共享等人才流动保障机制。二是优化绩效考评制度。采取分类考核评价体系，自上而下与自下而上相结合设置 KPI 考核指标，破除"五唯"；对标国内一线互联网企业的薪酬水平，同时将薪酬、科技资源与绩效挂钩，激发科技人员创新的主观能动性。

第三，高效的科研攻关协同机制。一是充分发挥"两核多点"既有优势，形成"高原造峰"的工作思路。组建交叉性、综合性的适应大兵团作战的科研攻关团队，具备快速集结组合、承接国家重大科研任务开展联合攻关的能力，构建起相互支撑、融合发展科研生态体系。二是建立首席科学家引领下的项目负责人负责制和项目中心制的科研管理体制。从"两核多点"单位中全职或双聘引进一批科研骨干力量作为具体项目负责人，围绕项目组建科研团队、调配科研资源。三是全过程的项目服务机制。实验室安排专职人员对科研项目实施全流程管理服务，提升科研效率，规范科研流程。

第四，多元化的经费投入机制。一是切实发挥财政资金的四两拨千斤作用。稳定的省级财政经费用于科研项目实施、大科学装置建设、高层次人才引进，同时积极争取对接国家任务，争取国家经费支持。二是成立实验室发展基金会，鼓励有情怀的企业与企业家捐赠，用于前沿基础研究和科学装置建设。三是建立"前沿技术创新基金"，加快之江实验室核心技术产业化，推动创新链、资金链、产业链的深度融合。

第五，开放的合作机制。一是围绕实验室重点研究领域，与多点单位、龙头企业建立联合研发中心。二是以知识产权和资源共享为纽带，推进实验室与海内外高校、科研机构和企业的合作。三是建立国防科技合作基地，加强军民融合，服务国防事业。

③主要成效

之江实验室按照新型研发机构要求，创新混合所有制运行模式，大胆创新、主动改革，逐步形成和完善深化科技体制机制改革、探索新型举国体制的之江经验。

（2）成都高新区"岷山行动计划"

①基本背景

成都高新区在2021年1月启动"岷山行动"计划，通过"揭榜挂帅"方式引入国内外顶尖科技创新团队，预计5年投入300亿元建设50个新型研发机构。

②主要做法

通过优中选优筛选种子选手，揭榜挂帅签订军令状，通过股权投资激发科研团队主观能动性，让研究院实现成果转化，并给到孵化项目公司，然后再通过市场机制退出实现财政资金的滚动运行，让孵化项目公司实现商业变现。

第一，揭榜挂帅机制。每一年成都高新将发布一批方向需求清单，征召全球范围的顶尖科学团队来角逐。同一个技术攻关方向，必须要有至少3个团队参与竞争才开启下一阶段的项目评审和尽职调查，经过多轮磋商最后决出最强团队。成功揭榜团队，将获得最多1亿元的扶持资金，分为5年拨付，按照"一年一考核，三年一淘汰"的管理制度，每阶段考核达标的，就可获得阶段性补贴，如果三年没达标，项目将会终止。

第二，股权投资机制。成都高新区专门成立一家纯国资的岷山公司，作为投资平台和监管平台，占研究院15%到30%的股份，5年到期后以市场机制退出。每个研究院需要在所属领域方向孵化至少3家高精尖科技公司，岷山公司占孵化公司10%股份，若项目公司获得了外部融资，岷山公司持有股份随之增值。5年到期后，岷山公司股权以市场机制退出，但需要达到最初财政补贴金额1.5倍的回报。

第三，全程陪跑机制。成都高新区就像是个全程陪跑员，在各种资源链接和赋能上，为研究院和孵化项目公司的迅猛发展去开道。而所有的科学家团队，只需要专注于关键技术攻关和把成果推到产业化应用。

③主要成效

首批揭榜项目已聚集产业专家、技术专家等各类人才 189 人，其中全职人员 63 人，其中的微电子先进封测方向揭榜项目已获得数千万元融资，政府+市场"双轮驱动"协同创新作用正在逐步显现。第二批揭榜项目，包括电磁环境适应、柔性电子、智能传感、生物芯片、新航电等 5 个方向新型研发机构，获得高新区给予揭榜团队的产业扶持资金约 4.4 亿元。

3. 研究机构牵头组建创新联合体

（1）广西电网有限责任公司电力科学研究院创新联合体"1+N+M"协同创新模式

①基本情况

广西电网有限责任公司电力科学研究院作为省级电网企业的科技创新实施主体，积极落实国家《科技体制改革三年攻坚方案（2021—2023年）》以及上级单位要求，率先构建了"1+N+M"协同创新管理模式。

②主要做法

第一，组建"1+N+M"联合创新平台。以解决制约产业发展的关键核心技术问题为目标，以承担重大科技项目为主要任务，以市场机制为纽带，以自愿为原则，采取自发组织的方式，由创新资源整合能力强的电网企业牵头，各成员单位分工合作，形成"1（牵头单位/核心层）+N（两家或两家以上的电网企业内部单位/紧密合作层）+M（多家外部单位/一般协作层）"。按照"一事一议"原则组织论证或建设，建设流程遵循"确定牵头单位→签署联合共建协议→选聘首席专家→主管部门审核推荐→科技厅核准"五个步骤。

第二，搭建"1+N+M"联合创新组织机构。由科研院所、高校、企业和中介机构等具体部门成立"1"个专门的创新联合体研究中心（设在牵头单位），带领"N"个电网企业内部单位和"M"个外部单位协同研究的组织机构，成立"联合创新平台委员会"，主任由电网企业公开招聘聘用，副主任由其他联合单位负责人担任。委员会对创新联合体建设进行统一规划，确定发展战略，制定相关配套政策，决定重大合作项目等。

第三，健全"1+N+M"联合创新运行机制。创新联合体研究中心草拟研究中心章程，并以章程为中心，建立起保障创新联合体协同创新中心制度，同时以成员单位创新工作相关制度为辅助，形成"1+N+M"项配套制度。围绕章程制定保障创新联合体高效运行的系列规章制度，如《研究中心主任/副主任/秘书长工作职责》《科研人员聘用及管理办法》《联合研究项目实施程序》等，明确成员工作职责，人员、项目管理要求；联合成员间签订具有法律效力的《工作计划任务计划书》，对创新联合体实行目标合同制管理；围绕协同创新工作的开展，组织制定信息共享机制、会议机制、问题协调机制、工作通报机制、文书档案归档管理机制、科研成果管理机制及考核评价机制等。同时，各参与单位依研究中心各项管理机制，结合自身日常管理内容，拟定各联合单位员工管理制度和联合创新项目参与管理要求等。

第四，培育"1+N+M"联合创新人才队伍。创新联合体研究中心主任设为人才队伍的首席专家或学术带头人，再从联合单位中遴选 N 个科研方向带头人，并不断健全"N+M"项目队伍。实现以研究中心主任为核心的领导小组，建立"1+N"的管理团队和"N+M"的研究团队，保障创新联合体的有序运转。创新联合体研究队伍执行固定人员、流动人员双轨制，人才培养工作坚持分层培养制。

第五，拓展"1+N+M"联合创新资源共享。创新联合体通过组建信息网络"1"张网，建立"N"方共享的"一体两翼三中心"设备仪器管理体系，拓展产学研用合作"M"种形式，促进创新联合体三大平台联动发展，形成开放、合作、互动的"1+N+M"资源共享新格局，见图3-2。

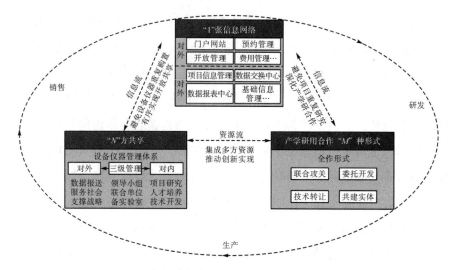

图 3-2　创新联合体"1+N+M"资源共享示意图

③主要成效

2021年，电网企业某科研院所通过联合攻关，实现突破关键技术21项，建成中试设备7套服务体系，获得国内专利授权115件，新增申请国际专利2件、国内专利215件，制定标准30项，发表论文70篇。2021年，电网企业某科研院所通过与高校、企业及其他科研院所联合，共同参与国家自然科学基金项目5项，国家重点研发课题1项，科技部国际合作项目1项，申请省部级项目9项，依托单位委托项目10项，获得省部级科技进步奖2项和技术发明奖1项，自治区科学技术厅专利奖2项，其他省部级奖励16项，完成技术转移与成果转化9项，共计产生经济效益865.55万元。

（2）江苏省农科院的探索

①基本背景

2021年6月，江苏省农科院在现代种业、绿色生产、智慧农业等事关国家、区域和行业发展的关键领域先行先试，启动了稻麦"种、药、肥"一体化设施、果蔬智能生产等由52个科研团队及企业共同组建的6个创新联合体。

②主要做法

第一，实行运行机制。探索构建政府引导、企业出题、多方出资、科企共研、企业验收、成果共享的管理链条，建立各创新主体认可的协同创新机制、项目形成机制、经费保障机制、利益分配机制、知识产权共享机制、退出机制等运行机制。

第二，协同创新机制。要求创新联合体调研梳理产业"卡脖子"技术问题，根据产业链技术问题清单，体系化布局创新链，明确各成员重点攻关方向和任务，做到方向互补、任务衔接、成果集成，形成协同创新布局。

第三，项目形成机制。根据发展目标和定位，整体设计创新联合体中长期及年度项目包和研发清单，明确未来国家和部省级项目争取渠道、目标和责任团队。通过有计划、有分工、有合作的项目争取，保障创新联合体创新工作有序进行。

第四，经费保障机制。探索建立项目经费资金池和绩效奖励资金池，明确企业、团队每年研发经费投入强度，充实各类资金池，通过任务实施、绩效奖励激发成员积极性。

第五，利益分配机制。以创新联合体名义取得的成果转化效益，项目牵头团队、技术贡献团队均享有收益分配权，具体分配额按实际贡献确定。明确创新联合体成员保护知识产权及技术秘密的义务，创新联合体形成的技术、方法、专利、论文、装备等根据技术创新的参与度确定知识产权归属。规定创新联合体成员拥有技术成果的优先使用权，但使用时须在创新联合体的统筹协调下签订具体协议。

第六，明确的基本组织架构。创新联合体由核心创新团队、核心应用团队、骨干创新团队、骨干应用团队四类主体组成。企业以法人为主体、高校和科研机构以团队为单元加入创新联合体。设立执行专家组，执行专家组是创新联合体的决策机构，主要职责是制定中长期科技创新目标，设计重大成果产出；设置创新方向与重点任务，协调资金筹措与使用、成果转化及收益分配方案等创新联合体重大决策事宜。设立咨询专家组，咨询专家组为技术咨询机构，由政府科技、产业部门同志，创新联合体部分成员单位领导，相关领域资深专家组成，负责创新联合体的战略咨询和指导协调。

③主要成效

3 年内预计新品种、新技术、新模式累计推广 100 万亩，增效达到

5 亿元以上。创新联合体合作出"晶粉1号""和风""靓玉"三种高品质番茄，并进入市场推广阶段，预计未来每年都会有 2～3 个新品种研发成功。

二、存在问题

一是顶层设计的制度体系还不完善。创新联合体这一概念虽然已出现在国家领导人的重要讲话和《中华人民共和国科学技术进步法》等重要文件中，但是关于创新联合体的内涵界定、功能定位、组建方式等，在国家层面尚未出台正式文件予以明确。由于国家层面缺少科学系统的总体规划，地方政府、企业对创新联合体的理解不一，且受自身创新资源水平限制，导致组建创新联合体的主要目标更关注地区经济带动性，偏离国家重大发展战略需求。在行业分布上，在高投入、长周期的关键核心技术领域鲜少布局创新联合体，如光刻机、航空发动机等技术，使得创新资源严重倾斜区域热点领域，无法真正提高在"卡脖子"技术攻关领域创新的投入产出效率。

二是如何激发企业的内生动力还需思考。创新联合体是一个市场主导的联合攻关组织，应充分发挥龙头企业在市场选择、技术需求判断和技术路线选择方面的作用。然而，创新联合体内的多方主体功能诉求存在差异，领军企业在不同主体之间的利益协调难度较大，影响了创新联合体内部合作的紧密性，进而影响合作的深度。同时，关键核心技术创新往往具有攻坚难和前期投入规模大、研发风险高等特征，国家对创新联合体的战略需求往往与企业的经济效益最大化目标相悖，如何通过产业政策、财政政策和知识产权政策等一系列配套政策的支持，保障牵头企业技术攻关机制的顺利运行还需思考和探索。

三是企业主导的产学研协同机制还需完善。一方面，相比其他创新单元，领军企业中，国有企业的创新主导权不够，缺乏对创新方向自主把握的能力，且民营企业创新位势较低，整合创新资源的能力较弱；另一方面，高校、科研院所的协同创新性不足：其一是由于科研人员的考核内容注重论文数量、科技奖励、科研项目及经费等指标，其中不包含科技成果产业化应用和推广等内容，科研人员不注重与企业和产业的横向合作；其二是由于高校的重点实验室和工程技术中心等重大科技平台对创新联合体内企业科研人员的开放程度不高，缺少开放共享的科技创新基础资源。

四是创新联合体的运行治理模式还需探索。支持企业牵头组建创新联合体，既是充分发挥龙头企业对产业链上下游强大的组织能力和带动作用，也是对多主体协同创新治理模式新的探索。当前各地创新联合体实践中，多主体协同创新的高效组织机制和治理模式尚欠缺。如资金投入和分担问题，条块壁垒、信息沟通、创新成果的合理分享等方面的机制问题，创新主体之间的有效沟通问题，以及创新要素在创新链上跨部门、跨领域流动的体制障碍等。

五是创新联合体建设创新政策体系仍需完善。虽然国家多次表态鼓励企业组建创新联合体，各地也有政策响应。上海、江苏、浙江、山东、安徽、广西、陕西等省和自治区已正式出台组建创新联合体相关文件。但目前存在的不足是，创新联合体的具体组建工作指引仍然缺乏，在具体组建条件、奖励资助政策、知识产权分配、创新成果归属、绩效评价等方面都缺乏实施细则，地方政府的配套政策仍亟须完善。同时，创新联合体建设容易走上"政府批牌子、企业争经费"的老路子。

第二节　创新联合体文献的可视化分析

一、研究方法与数据来源

（一）研究方法

本部分的研究和分析基于科学知识图谱理论。科学知识图谱是近年来在科学计量学和文献计量学领域新兴的热点之一，它以引文分析理论和信息科学技术为基础，从动态发展的知识结构入手，通过可视化图像直观地将文献中的前沿领域与制高点展示出来，并揭示出单凭个人知识累积无法直接获得的学科结构特征与发展态势。对于研究前沿和研究热点的考查，本书采用目前广泛应用的引文网络可视化分析工具 CiteSpace 进行数据挖掘和综合研究。该工具通过利用数学算法及科学计量方法对文献关键词、文献共被引、作者共被引、期刊共被引等进行引文分析和共词分析，在此基础上进行深入挖掘，可获得近年来创新联合体研究前沿和发展趋势。对搜索到的论文标题、作者、摘要、关键词等信息进行数据标准化处理后，使用 CiteSpace 进行信息可视化分析。通过对检索到的文献记录进行关键词共现、共引文献、作者和期刊分析，得到直观的关键词共现图谱、共被引作者及文献图谱等可视化图谱。按照科学计量学的基本方法，分析近年来创新联合体研究的演进脉络和研究前沿，以期对我国创新联合体的研究提供一定的参考。

（二）数据来源

本书以 CNKI 数据库为主要数据来源。以创新联合体为关键词，限定检索字段为"主题"，数据包括文献标题、作者、机构、摘要、关键词、年份、卷（期）、参考文献等。经检索，截至 2023 年 12 月 26 日，创新联合体研究相关文献共有 99 篇，经筛选后导入 CiteSpace、VOSviewer 等可视化软件进行综合研究分析。

二、创新联合体文献的外部特征分析

（一）年度发文情况

某领域年度发文量可直观反映出该领域的研究热度和前沿主题的变化。根据文献发文情况，绘制了 2000—2023 年创新联合体发文曲线图（见图 3-3）。

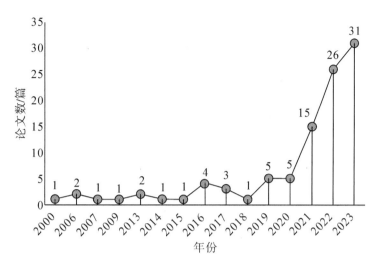

图 3-3　近年来创新联合体研究论文数量曲线图

结合选线图和研究主题来看，关于创新联合体的研究大致可分为三个阶段。

第一阶段为探索期（2000 年至 2020 年）。这 11 年共发表了相关文章 27 篇。其中，最早的一篇文章出现在 2000 年，为李文杰的《企业科技联合体是美国技术创新的生力军》，其第一次以"科技联合体"概念对创新联合体进行了相关研究。随后 10 年，学界主要围绕中小企业、运行机制、高职院校、影响因素、博弈论、创新驱动等开展了研讨，为"创新联合体"概念的提出奠定了理论基础。

第二阶段为概念提出期（2021 年）。在这一年，学界明确以"创新联合体"为关键词发表了 15 篇文章，主要以创新联合体、政策、作用机制、路径、要素配置、技术溢出等为研究内容。该阶段的研究为创新联合体的深入研究提供了导向。

第三阶段为快速爆发期（2022 年至 2023 年）。这阶段共发表了文章 57 篇，呈现出显著的爆发式增长特征，反映了本阶段学界对创新联合体的热切关注。

（二）期刊分布

对创新联合体研究刊载期刊进行统计，总共有 72 种期刊刊载了相关研究，其中载文量在 2 篇以上的期刊共有 12 种（见表 3-2）。刊载创新联合体研究论文数量前 5 位的是《科技进步与对策》《科技中国》《科学管理研究》《科研管理》《科学学研究》。这 5 本期刊都是 CSSCI 来源期刊，反映出创新联合体这个主题引起了学界广泛的关注，具有长效的研究价值。

表 3-2　创新联合体相关研究发文期刊分布表

序号	刊名	发文数
1	科技进步与对策	9
2	科技中国	9
3	科学管理研究	5
4	科研管理	2
5	科学学研究	2
6	小康	2
7	江苏科技信息	2
8	科技和产业	2
9	中国人才	2
10	科学学与科学技术管理	2
11	安徽科技	2
12	中国科技产业	2

（三）作者分布

对作者进行分析，可洞悉研究该领域的活跃群体，尤其是对高产作者的研究，更是能考察该领域的研究方向。从作者统计来看，创新联合体相关研究作者共有 190 位，其中发表文章超过 2 篇的作者共有 14 人，共发文 41 篇，占总论文数 41%。其中，排名第一的是山东师范大学的马宗国，共发表文章 11 篇，主要研究领军企业在牵头组建创新联合体的机制作用；排名第二的是北京理工大学的尹西明，共发表文章 4 篇，主要研究高水平大学在驱动创新联合体的作用。

对作者进行共现分析后，发现 190 名作者中，形成了 7 个合作群体（见图 3-4）。其中，合作群体规模最大的是以尹西明、陈劲等为中心的合作团队，团队共有 8 人，形成了较为稳定的合作关系。另外的 6 个合作群体均是 3 人成员的小团队。其余作者均为单人作战，没有形成更多的合作关系。从文献反映结果来看，创新联合体在当前的研究仍然以单人研究为主，群体合作研究为辅。

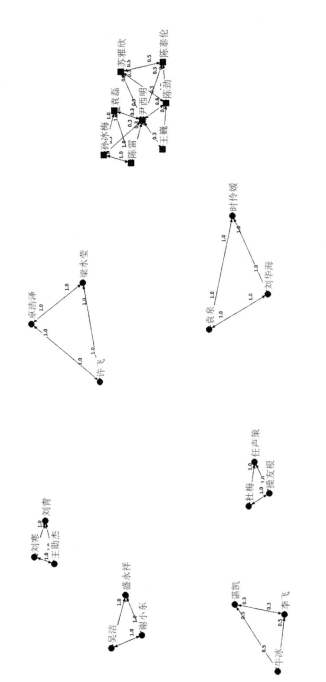

图 3-4 创新联合体研究作者群体合作图谱

（四）研究机构分析

对文献所载研究机构进行统计分析发现，共有 120 个机构开展了创新联合体的研究。其中排名靠前的是山东师范大学商学院、北京理工大学管理与经济学院、上海市科学学研究所、中国科学技术发展战略研究院、苏州工业职业技术学院、清华大学经济管理学院、济南大学商学院、天津市科学技术发展战略研究院、济南大学管理学院、中国科学院科技战略咨询研究院、同济大学上海国际知识产权学院、河海大学商学院、中国科学院大学公共政策与管理学院、浙江大学中国科教战略研究院、西安交通大学管理学院。从机构合作情况来看，仅形成了两个具有紧密合作关系的团体，首先是清华大学经济管理学院、北京理工大学管理与经济学院、中国科学院科技战略咨询研究院、中国科学院大学公共政策与管理学院、郑州大学商学院、中国石油天然气集团有限公司科技管理部等形成的合作团体，这也是目前合作规模最大的研究团体（图 3-5 和图 3-6）。其次是浙江大学金华研究院、浙江省科技信息研究院、浙江大学公共管理学院、浙江大学中国科教战略研究院形成的合作主体。最后，其余均为三个成员单位及以下的机构开展研究。从合作团体的地域分析，均以近邻为主。

图3-5 创新联合体研究机构共现图谱

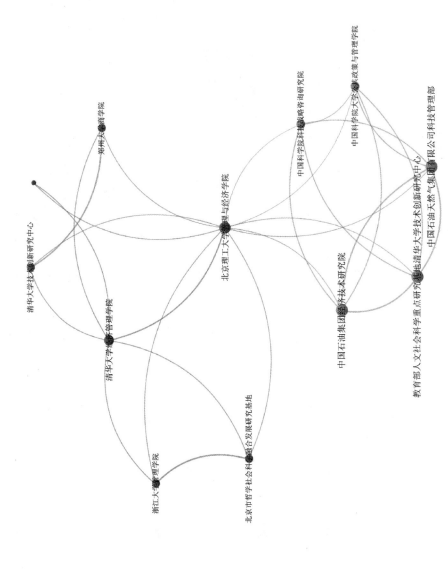

图3-6 创新联合体研究机构合作最大群体图谱

清华大学技术创新研究中心

郑州大学商学院

北京理工大学管理与经济学院

中国科学院科技战略咨询研究院

中国科学院大学公共政策与管理学院

中国石油天然气集团有限公司科技管理部

清华大学经济管理学院

中国石油集团经济技术研究院

教育部人文社会科学重点研究基地清华大学技术创新研究中心

浙江大学管理学院

北京市哲学社会科学融合发展研究基地

三、研究主题分析

(一) 研究主题总体特征

关键词是一篇论文的核心信息，是对论文研究内容的高度概括，对关键词进行研究可以比较准确地获悉相关领域的研究概况。将上述论文数据进行格式转换后，通过 VOSviewer 软件的关键词共现分析功能，对论文数据的关键词进行共现分析，绘制出创新联合体关键词共现知识图谱（见图 3-7）。

从关键词高频词来看，居于前 10 位的关键词是：创新联合体、研究联合体、国家自主创新示范区、协同创新、国家战略科技力量、创新生态系统、科技自立自强、中小企业、开放式创新生态系统等。从研究领域聚类来看，近年来创新联合体研究形成了两个具有显著聚合特征的研究领域，一个是以"创新联合体"为核心的研究聚类（图 3-7），另一个是以"研究联合体"为核心的研究聚类（图 3-7）。在创新联合体研究聚类中（图 3-7），又形成了若干研究子聚类群。其中，最大的子聚类首先聚焦于中国式现代化、中国西部科技创新港、军民融合创新联合体、国家创新体系、国家战略科技力量、场景驱动的创新、整合式创新、研究型大学、科技安全、科技强国、科技自立自强、高水平科技自立自强、高能级创新联合体。其次是产学研创协同发展、产教联合体、产教融合、共同体、创新、创新载体构建、政行企校协同、科技社团等。最后是企业牵头创新联合体、关键核心技术、创新合作网络、协同创新、合作竞争、改革路径、长三角示范区、龙头企业等。

以"研究联合体"为核心的研究聚类（图 3-7）中，文献聚焦于国家自主创新示范区、企业转型升级、产业升级、产业结构、创新生态系统、区域创新体系等开展了研究。同时，还聚焦于中小企业，开展了相关的自主创新能力、合作机理、提升对策、影响因素等研究。在末端研究特征上，形成了产教融合、科技社团、模式、政行企校协同、共同体、产学研创协同发展等研究领域，聚焦于高校在创新联合体创建作用发挥上。

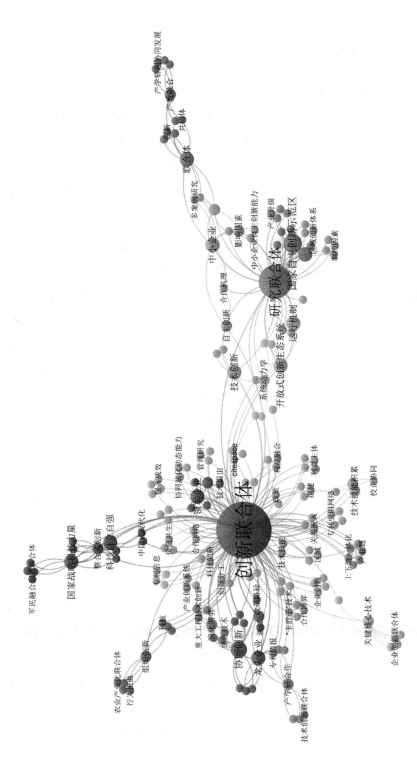

图 3-7　创新联合体研究关键词共现知识图谱

（二）创新联合体研究演变

1. 2020 年：创新联合体概念首次提出

2020 年，白京羽在《基于博弈论的创新联合体动力机制研究》一文中，对创新联合体概念进行了阐述。这一年，有 5 位作者对相关主题开展了研究，研究关键词主要有创新联合体、博弈论、动力机制、研究联合体、区域创新系统、系统动力学、互动机理、国家自主创新示范区、创新生态系统、农业产业化联合体、组织创新、组织异化、政策取向等（见图3-8）。该年度对创新联合体开展了探索式研究，为后续研究奠定了基础。

图 3-8　创新联合体研究关键词共现图谱（2020 年）

2. 2021 年：创新联合体研究热度升高

2021 年，创新联合体关键词共现频次达到 6 次，标志着该主题的研究热度达到一个新高度。而与之紧密相关的研究主题为融合模式、经济、科技、组织创新；演化博弈、创新主体、双碳目标；技术溢出、合作研发；政策、要素配置；研究偏好、作用机制等（图 3-9）。

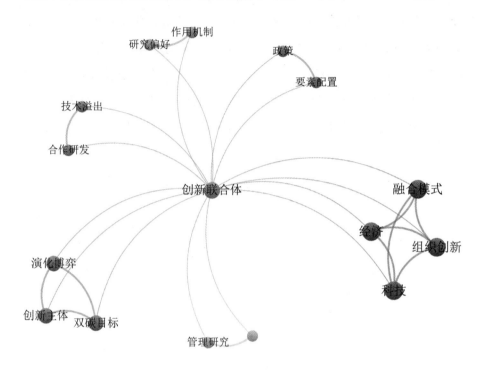

图 3-9　创新联合体研究关键词共现图谱（2021 年）

3. 2022 年：创新联合体研究持续深化

2022 年，创新联合体关键词共现频次达到 11 次，学界对该主题的关注度进一步升高。与 2021 年相比，该年度还出现了国家战略科技力量、协同创新、科技自立自强、领域企业、整合式创新、研究联合体、国家自主创新示范区等共现频次超过 2 次的高频关键词，研究视角更加多元化（图 3-10）。从关键词共现图谱来看，该年度不仅出现了以创新联合体为核心的多元研究，更出现了两个新的研究方向，即创新人才、工作室联合体；企业转型升级、研究联合体、评价体系等。

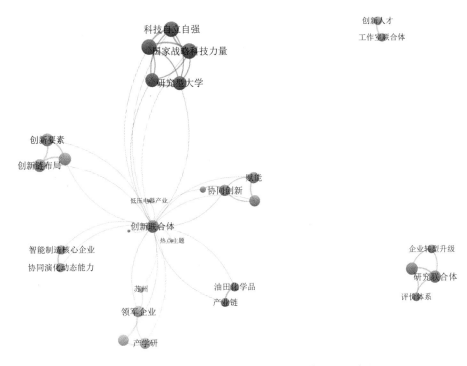

图 3-10　创新联合体研究关键词共现图谱（2022 年）

4. 2023 年：创新联合体研究多元发展

2023 年，创新联合体关键词共现频次达到 21 次，研究进一步深化，相关关键词共现图谱见图 3-11。与之密切相关的关键词有梯度转移、重大工程技术创新、应用场景、技术技能、合作网络、对策研究等。共现频次居于前列的关键词有龙头企业、技术创新、产教融合、关键核心技术攻关、创新合作网络等，反映出企业在创新联合体中的核心作用。同时，对联合体的研究有新的拓展，比如出现了产学研创新联合体、企业牵头创新联合体、科技创新智库联合体、产教联合体等新的相关联合体概念，从图谱中可清楚看出这几个概念都形成了相对独立的研究群体。

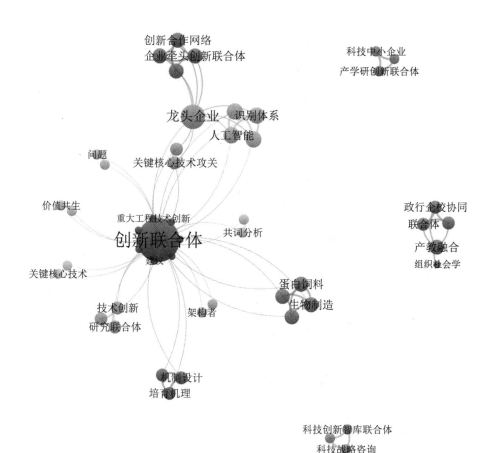

图 3-11 创新联合体研究关键词共现图谱 （2023 年）

第三节 国外创新联合体建设现状

一、国外推动创新联合体建设的政策分析

（一）美国

美国政府主要通过适时制定一系列配套的政策法规，改革有关宏观管理体制和组织机制，来引导和整合各方面的创新要素，从而推动研究联合体的发展。

1. 创新的财政税收政策

美国对创新联合体建设实施的财政政策主要是对创新支出的税收减免，主要包括以下几个方面：对企业研究开发活动给予相应的税收优惠和减免；对跨国企业的经营活动给予相应的税收配置；对企业在研发过程中的设备投资给予一定的税收优惠；对企业累进性的税收给予相应的优惠等。

2. 设立专门的中介机构

中介机构是美国研究联合体合作和技术创新的枢纽。一方面，这些机构聚集了有关技术创新成果的大量信息，并通过网络、传媒等渠道为企业的技术创新提供有效的信息资源；另一方面，这些中介机构接受政府的委托，对相关的技术创新计划的项目进行分析评估、管理监督，从而有效推动研究联合体的合作和技术的创新。

3. 积极建设科技园区

科技园区已成为美国创新联合体发展和技术进步的重要推动力量。园区设有技术孵化机构，在技术研发的同时，将研发的成果及时转化为生产力。美国1980年通过的《技术创新法》对促进工业技术的开发与扩散以及技术转让做出了一系列规定，1984年通过的《国家合作研究法》扫除了反垄断法的障碍，允许公司之间合作，进行研究开发和生产，以增强高技术产业的技术优势；1986年通过的《联邦技术转移法》允许联邦实验室的研究成果转让给私人工业，以便迅速实现商品化。这些政策法规，为美国科学工业园区的建设和发展创造了极其有利的外部环境。

4. 放宽技术转让政策

美国在其《贝都法》（1985）中明确规定了联邦政府、大学和企业的权利和义务，鼓励科技成果转化，放宽技术转让的政策，调动政府、学校、产业及小企业的积极性。联邦政府原则上将其出资的科技成果的知识产权交给大学，但有权保留涉及国家安全和敏感领域的科技成果的所有权；有权为维护国家利益，无偿使用由政府出资的科技成果；有权确保政府出资的科技成果得到有效的开发和利用。企业利用联邦政府出资的专利产品，如在美国国内销售，则必须在美国国内进行生产，但有权获得这些专利技术的独家使用、生产和经营权，并受法律保护。美国联邦政府对大学技术转让非常支持，其不断地向大学提供巨额科研经费，大学的科研经费60%来自美国联邦政府；美国联邦政府还始终保持与大学的科技合作联系，并向大学推荐和提供最先进的研究设备，不断改善大学的研究条件。

（二）英国

英国将合作提升到国家战略高度，强化政府引领作用，逐步形成以企业为中心，与政府、高等院校、研究机构、各类科技服务机构，与市场深度融合的国家创新体系。

1. 完善产业发展战略

2012年英国政府发布《英国产业战略：行业分析报告》，指出政府要与产业界建立长久的战略伙伴关系，政府决定投资2亿英镑打造9个技术与创新中心，使科技更好地服务经济发展，促进研究成果向生产力转化。2017年由商业、能源和产业战略部牵头，英国政府制定并发布《工业发展战略》，强调创新是全社会发展和打造"全球化英国"的基础，特别强调企业的参与，在战略的目标设定、支持措施等内容上，政府和企业界明确分工，各自独立又相互配合。2021年7月英国政府发布《英国创新战略》，设立到2035年成为全球创新中心的目标，具体措施包括：①大力加强以市场为导向的创新，将研发直接公共支出增加到每年220亿英镑；②对研发支出抵免和中小企业研发税收减免两个计划进行重新审查；③宣布新的研发税收超额扣除政策，允许公司对符合条件的厂房和设施投资申请130%的资本补贴；④英国知识产权局将支持成长型和复苏型企业研发与创新产品和流程；⑤改进政府采购程序以进一步促进创新。

2. 发布研发路线图

2020年7月英国政府发布《英国研发路线图》，承诺到2027年将研发投入提高到GDP的2.4%，提出要支持创新、应用和产业化，其中包括四个方面的重要措施：一是完善创新法规和监管体系。确立税收制度、知识产权制度等基本法规，支持不同规模的创新公司在英国建立并成长，鼓励创新联合体采用新技术并自我创新，确保监管体系支持和促进创新。二是改善创新融资渠道，支持企业家和初创企业增加研发资本。三是确保正确地支持创新措施，根据创新联合体专家组意见，确定短期内最有效的计划，充分利用政府采购杠杆。四是建设高质量创新基础设施，鼓励在现有基础设施周边建设创新区和创新公司集群。

3. 成立高风险、高回报研究机构

2021年2月英国政府宣布成立高级研究与发明局（ARIA）。高级研究与发明局旨在灵活、快速地资助高风险、高回报的科研项目，帮助英国巩固全球科技强国的地位。

（三）德国

德国在工业企业中建立了技术开发机构，并引导科学家为企业服务，助力创新联合体的发展。

1. 营造良好产业环境

政府根据国家和世界经济的发展需要，扮演宏观调控的角色，组织各方力量制定短期、中期、长期的发展计划和战略，为创新联合体发展营造良好的产业环境。

2. 制定相应的科技政策

德国的科技政策规定大学、公立研究机构必须与企业合作，保证具有重要意义的科学技术得到转化和商品化。同时改革经费划拨的方式，国家对大研究中心的资助以项目为导向，规定经费的分配和使用必须与科研成果的应用结合起来。在科研合作项目的审批方面强调透明，由专家评审委员会评审合作计划，产业界则提出建议。

3. 建立专利和应用机构

专利和应用机构与专家建立直接联系，为大学和科研院所的研究活动提供有关专利申请和成果应用方面的专业性咨询建议，确保及时鉴定具备专利申请条件的科研成果。

（四）日本

泡沫经济破灭后，日本为从根本上改善其科学技术活动的环境，恢复其经济活力，提高企业、科研机构的研究开发能力，推动创新联合体的发展，采取了一系列措施。在日本的合作创新体系中，政府的地位特别突出。

1. 制定科技发展战略、规划、方针

日本政府通过了一系列计划，如"科学技术基本计划"（1996），"经济结构的变革与创新计划"（1996），"教育改革计划"（1997）。这些计划使创新联合体成为一项基本国策。同时，政府创新联合体直接投资和从事风险大、投资大的重要科技领域的开发项目和活动。

2. 制定专门的创新联合体政策

日本政府提供大量资金资助企业的研发活动，对有关专利权的收入实行免税，鼓励各类大学的教师通过创新联合体进行科学技术实验，保证他们拥有科研成果的知识产权及使用权；通过培养一批专业人才，把大学的科学研究与民间企业的科技需求结合起来，使得创新联合体的教育与科学研究和企业生产劳动的结合更加紧密；整顿创新联合体的联络机构，加强这些机构的服务职能。

二、国外创新联合体建设的实践探索

（一）日本超大规模集成电路（VLSI）

1. 基本情况

日本超大规模集成电路（VLSI）于 1976 年 3 月正式启动，由日本通产省出面组织，以富士通、日立、三菱、日本电气和东芝五大公司为骨干，联合日本工业技术研究院电子综合研究所和计算机综合研究所，投资720 亿日元共同建设。研究组合的最高领导决策机构是理事会，由五家公司的领导及通产省的官员构成。共同研究所所长来自通产省电子技术综合研究所，由著名的半导体专家垂井康夫担任，负责研究的技术领导。

2. 主要做法

（1）建立紧密的组织架构，确保运行的高效性

VLSI 研究协会的组织结构分为五个层次：董事会、总务委员会、运作委员会、技术委员会、联合实验室和小组实验室。五大公司的总裁都被任命为研究协会董事，但董事会很少涉及最终的决策，每年也只有一两次常务会议。董事会下设总务委员会，主要由五大公司的副总裁或者常务董事组成，主要负责协会的最终决策，每月都有会面。总务委员会下设运作委

员会和技术委员会，由五大公司的部门经理组成，其中运作委员会主要负责研究协会一般性的管理问题，而技术委员会主要负责技术领域选择、人员和资金的分配。研究协会通过建立联合实验室和小组实验室两种实验室形式展开研究。联合实验室由五大公司和电气技术实验室的研究人员共同参与有关通用性和基础性的技术研究，而小组实验室分散在与其相关的公司内部，主要进行应用技术方面的研究。

（2）确定技术研发目标与攻关方向，确保技术研发合理性

日本 VLSI 技术研究组合经过多次讨论，锁定在 10~20 年内实现存储芯片（1M DRAM）的实用化，并下设高精度加工技术、硅结晶技术、工艺处理技术、检测评价与装置设计 4 个具体方向。

（3）由领军企业牵头开展技术研发，确保研发的高效性

共同研究所设立六个研究室，其中五个由领军企业牵头。三个高精度加工技术研究室由日立、富士通、东芝三家公司分别负责，工艺处理技术研究室、检测评价与装置设计技术研究室由三菱电机和日本电气公司负责。研究任务委托给上游企业，如拥有光学设备加工技术优势的理光公司和佳能公司，拥有电子束扫描技术优势的日本电子公司，拥有平版印刷技术优势的大日本印刷公司和凸版印刷公司，以及大阪钛金属公司等，参与合作研究开发的上游企业有 50 余家。

（4）通过资金扶持及税收优惠等措施，帮助企业分担前沿技术研发风险

在 1976—1980 年间，VLSI 项目的研究经费总额达 737 亿日元，其中政府补贴 291 亿日元，约占创新联合体经费总额的 40%，剩下的部分由企业提供。除直接补贴之外，日本政府还出台相应税收优惠政策。根据日本相关法律，只要被认定为"技术研究组合"的法人，就可以被视作非营利性的特殊法人，并享受如下税制优惠：企业提供给组合的经费可以计作损失，并可抵扣应纳税收入；组合购买或制作的用于实验研究目的的设备仪器可以以 1 日元进行压缩记账，并在税务上计入可扣除费用；实验研究使用的固定资产，3 年内可以只按固定资产税标准的 2/3 进行纳付。

3. 主要成效

VLSI 研究项目经过四五年的努力，总共产生了 1 000 项专利申请，其中大约 50% 的申请来自联合实验室，且其中有 600 项获得了专利权。其开发的 1M DRAM 抢占了近 90% 的世界销售份额。此外，该研究项目在步进投影光刻机和八英寸大口径晶圆的研制上取得重大突破，改变了该产品依赖进口的局面。VLSI 技术研究组合有力地刺激了日本制造集成电路设备和材料的相关产业的发展。

（二）美国半导体制造技术研究联合体（SEMATECH）

1. 基本情况

美国半导体制造技术研究联合体（SEMATECH）由包括美国电话电报公司（AT&T）、国际商业机器公司（IBM）、英特尔（Intel）等 14 家半导体相关企业与美国国防部共同建立，其全部产量占全美半导体总产量的 75%。作为政府和产业界相互合作的典范，SEMATECH 每年的研发经费由成立时的 14 家公司和美国国防部平摊。该组织设在得克萨斯州的奥斯汀（Austin），其研究成果由各成员公司和美国政府共享。自 1987 年启动，运行到 1995 年时，SEMATECH 帮助美国半导体企业重新夺回了世界第一的行业地位。

2. 主要做法

（1）双主体投资机制

SEMATECH 采取了企业与政府共同投资、成本分担、风险分散的双主体投资机制。1987 年 SEMATECH 成立之初，即决定每年投入 2 亿美元作为该联合体的运营经费。其中美国政府和 SEMATECH 的 14 个联盟成员各承担 50%。在企业具体的投资额上，SEMATECH 规定每个成员企业将年度销售额的 1% 作为会员费上缴该联合体，下限为 100 万美元，上限不超过 1 500 万美元。SEMATECH 以企业销售额的 1% 为基准，同时设定上下额限度，确保不会因为个别企业出资优势而形成地位歧视和话语权垄断，充分保证成员企业的平等性。

（2）组织管理机制

在制度化管理方面，美国 SEMATECH 的组织结构与管理更为严格，采取董事会负责下的项目管理运行机制。董事会下设执行技术委员会，该委员会的职能是确定该联合体研究开发测试活动的优先顺序，执行技术委员会下设技术咨询委员会，负责具体项目的咨询、审查与批准。在规范化行为方面，美国 SEMATECH 为了维护联盟的稳定性与研发的持续性，在退出机制上做出了明文规定，规定其成员企业如果退出该联合体，必须提前两年发表公告。

（3）知识共享机制

在技术知识载体激活方式上，美国 SEMATECH 采用来自该联合体的成员企业的研发人员实行为期两年的轮换制度。在知识产权保护方面，SE-MATECH 起初规定，研究成果只有在成员公司独占 2 年之后，才可以以一定的专利使用费形式向该联合体之外的美国公司开放，而如今则可在付出一定的转让费或专利使用费后向所有美国公司开放。1997 年，SEMATECH 通过建立分支机构来吸收国外企业加入 SEMATECH，共同进行产业共性技术的研究与开发。

3. 主要成效

美国公司使用美国制造的半导体设备，在 1995 年已经可以制造 0.35 微米线宽的电路，从而在技术上赶上了日本。这些变化使得美国从 1991 年开始，又从日本手里夺回了半导体设备市场世界第一的称号。1992 年，美国的应用材料公司（Applied Materials）成为全球半导体设备市场上的龙头老大。

（三）SpaceX

1. 基本情况

美国太空探索技术公司（SpaceX）是美国一家私人航空制造商和太空运输公司，是实现载人升空的第一家民营企业，由埃隆·马斯克（Elon Musk）于 2002 年 6 月建立，其总部位于美国加利福尼亚州霍桑市。

2. 主要做法

（1）贯彻硅谷精神，打造"互联网+航天"新模式

一方面，SpaceX 善用推特等互联网工具，发挥网红经济作用，提高企业知名度，不断积累客户和吸引优质资源。例如，SpaceX 将 2023 年大猎

鹰火箭首次月球旅行计划的全部仓位卖给了日本名人前沢友作，并邀请数位全球顶尖艺术家一起遨游月球。另一方面，SpaceX围绕最初的愿景目标，构建"工业互联网+航天"体系，全面设计和构建从战略到执行、从研发到生产的全过程各环节。

（2）优化组织架构，采用扁平集约管理机制

区别于波音公司、中国航天科技集团有限公司等传统航天企业，SpaceX采取无边界的扁平化组织结构，甚至没有部门划分。SpaceX设置了数位副总裁，负责各技术或业务领域的工作，实行副总裁带领项目制。此外，SpaceX实施集约化管理运行方式，绝大部分员工都集中在加利福尼亚州霍桑市的总部工作，整个研发、测试、中试与生产过程连为一体，从决策到实施，各个环节联系得十分紧密。

（3）实施高效管理，优化技术链和供应链，实现全链条和全过程覆盖性技术创新

SpaceX坚持"低成本、高可靠"的核心理念，重视技术链、供应链双链管理。在技术链管理方面，SpaceX对技术进行必要性和可行性的研判，以确定技术的优先级，针对不同级别的技术实施差异性研发策略。其中，对非关键技术不追求先进，而是大量采用低成本、高可靠性的老旧成熟适用技术，对关键技术则高度重视和坚持自主创新，掌握核心竞争力。在供应链管理方面，SpaceX主张缩短供应链、减少采购环节，不采用分工外包，而是尽可能多地进行自主研制和生产各种设备和器件。例如，SpaceX自主生产一个阀门的成本为1.1万美元，而外包则需要2.5万美元。SpaceX的创新不仅掌握从技术到工程的全过程，而且掌握从火箭到飞船的航天全产业链。

（4）用好外部资源，强化与政府、社会的链接

SpaceX公司从政府获取的支持可以分为两类：一类是显性因素，包括资金、技术和基础设施等，SpaceX积极争取与NASA的项目合作，获得了NASA提供的高达70亿美元的研发经费。另一类则是隐性因素，主要包括政策制度、人才积累以及工业基础，SpaceX利用这些外部资源，将其作为创新的重要保障。根据美国宇航局最新的航天法案协议清单，目前美国宇

航局和 SpaceX 公司之间签订的航天法案协议中，有 10 项是由美国宇航局为 SpaceX 公司提供技术支持，涉及的技术领域包括运载火箭研制、发动机建模、增材制造技术、乘员舱显示和控制技术、卫星再入分析、航天器结构的表面化学和材料分析、载人飞船试车监控所需的协调激光光谱技术等。

3. 主要成效

2002 年以来，SpaceX 成为全球最高载重、最多回收次数、最短发射间隔的私营商业航天公司，将太空旅游、"星链计划"等航天梦想变为可能。

（四）西门子

1. 基本情况

西门子（SIEMENS）股份有限公司创立于 1847 年，业务遍及全球 200多个国家和地区，员工总数近 9 万人，核心业务有能源、医疗、工业和基础设施与城市 4 个领域，是全球最具创新能力的企业之一。西门子中央研究院通过履行应用研究、商业开发、标准制定与领导、技术与创新管理、技术集成、协同与服务六大职能，为推动西门子成为全球创新型领军企业立下了汗马功劳。

2. 主要做法

（1）构建分工明确的创新组织

西门子的研发组织机构分为三个层次，即中央研究院、事业部研发中心和业务单元研发中心。西门子的科技与创新管理部门的组织结构包含：①管理小组，为科技与创新管理小组负责人决策提供支持以及内部沟通协调；②战略小组，研讨技术创新战略；③战略与组合部门，负责制定年度规划流程，制定研究院技术与创新组合、技术与方法开发路线图等；④外部合作部门，基于具体研发进程制定合作伙伴战略，推动合作伙伴开发，常规合作伙伴包括大学、政府和政策机构、协会、公司等；⑤愿景与技术搜索部门，探索可能对西门子带来影响的技术和社会趋势，负责开放式创新的创意收集；⑥信息情报研究部门，搜索分析商业市场情报；⑦沟通与传媒部门，负责研究院内部和公司之间的沟通。

（2）构造创新网络

知识交流中心是西门子与大学合作的主要项目，通过与全球知名大学一起对关键技术进行长期研究，知识交流中心为西门子提供了最先进的研究和高素质的人才库。西门子也十分重视与供应商的合作，西门子供应链管理系统提供两个数字平台，通过该平台可将供应商与西门子专家联系起来。

3. 主要成效

西门子技术领域的创新成果显著，截至 2020 年年底西门子共拥有42 900 项已颁发的专利（不包括西门子能源公司）。西门子公司已经成为欧洲范围内申请专利最多的公司，也是全球技术创新能力领先的公司，并在欧洲专利局发布的专利申请榜单中荣居榜首。

三、经验启示

（一）严密组织架构确保组织高效运行

组织架构包括理事会、运行委员会、技术委员会和评估机构。学习日本超大规模集成电路、美国半导体制造技术研究联合体和德国西门子的组织管理机制，明确科技攻关目标，创新联合体应立足本行业的创新需求，对标国外先进水平，凝聚有标识度与影响力的重大创新产品作为攻关目标，在此基础上进一步细化"卡脖子"共性技术、底层技术与基础研究攻关清单，设置明确的关键技术量化标准和攻关期限，确保按时完成任务。

（二）建立多元投入机制和实施资金扶持政策

第一，强化政府支持。依托类似英国的产业发展战略、研发路线图和日本的科技发展战略等重点研发计划，采用项目群方式，对创新联合体中领军企业和中小企业给予稳定支持，积极争取税收等优惠政策。鼓励创新联合体整合各部门间有关资金、技术、平台、人才等创新资源，积极参与国家创新联合体技术攻关行动。第二，加大企业投入。牵头企业作为投入主体，为保障创新联合体的运行经费及研发经费，可参照美国经验商定投入比例，特别是学习 SpaceX 的经验。第三，引导市场化投入。充分发挥各类创投基金、产业基金的作用，进行多渠道、多模式的投入，采取像美国的创新财政税收政策等措施，助力创新联合体解决重大关键核心技术问题。

（三）制定国家层面的对技术产业化投资风险的补偿政策

甄别筛选核心技术、关键技术及符合市场需求的技术，在各个转化环节给予风险补偿，借鉴日本的创新联合体政策，提供超大规模集成电路资金扶持及税收优惠，借鉴美国半导体制造技术研究联合体采取的双主体投资机制等措施，帮助企业分担前沿技术研发风险，激发创新联合体进行成果转化及产业化、产品化的积极性，并吸引社会资本共同参与，形成创新与科技成果转化的市场化良性互动。

（四）不断完善联合创新成果的界定和分享规则

像美国在其《贝都法》（1985）中明确规定了联邦政府、大学和企业的权利和义务那样，对于政府投资的成果，可以在联合体共享平台上分享；对于企业、科研院所、社会资本共同投资产生的成果，通过搭建的平台，清晰界定产权，按照市场规则供创新联合体的企业共同使用；鼓励共同申请专利，实现成果转化，按照市场原则分享产业化带来的利润。建立企业创新联合体创新诉求纠纷解决机制，有序构建信用约束机制，对投机、毁约等行为，纳入社会公共诚信记录，增加违规成本。

第四节　本章小结

本章从创新联合体的建设现状、创新联合体研究文献分析、国外创新联合体建设经验三个层面分析了创新联合体的发展现状，并总结了创新联合体在发展中存在的问题和经验启示。

首先，本章从地方响应情况、各省市单位探索、现有探索路径分析了创新联合体建设的总体概况，从国家层面和省级层面选取典型政策分析创新联合体建设政策基础，以华为、海尔、之江实验室、成都高新区、广西电网、江苏省农科院组建创新联合体为例，从企业、政府、研究机构三个维度分析创新联合体建设的实践现状。此外，结合创新联合体建设总体情况、政策基础以及典型案例，总结创新联合体建设运行过程中存在的五个问题：一是顶层设计制度还不完善；二是如何激发企业的内生动力；三是企业主导的产学研协同机制还需完善；四是创新联合体的运行治理模式还需要探索；五是创新联合体建设创新政策体系仍需完善。

其次，本章通过对创新联合体研究文献的分析，基于科学知识图谱理论，按照科学计量学的基本方法，分析近年来创新联合体研究的演进脉络和研究前沿，总结出创新联合体研究的三个阶段，即探索期、概念提出期、快速爆发期。分析了创新联合体研究的期刊分布、作者分布和研究机构分布规律以及研究主题总体特征和演变过程。

最后，通过宏观层面，以国家为维度，对美国、英国、德国推动创新联合体建设的政策进行了分析，通过微观层面，对日本超大规模集成电路、美国半导体制造、spaceX、西门子建设创新联合体进行分析，并得出以下经验：一是以严密的组织架构确保组织高效运行，二是建立多元投入机制以及资金扶持政策，三是在国家层面制定对技术产业化投资的风险补偿政策，四是不断完善联合创新成果的界定和分享的规则。

第四章　建设理念、思路及运行评价

第一节　建设创新联合体的核心理念

创新联合体是新时代新使命下实现科技自立自强的探索实践，是国家层面推动科技创新的战略举措，必须坚持"高举高打"，在体制机制、目标任务、组织模式、战略任务等方面高位推进，以实现面向国家安全和社会发展全局的科技目标实现。

一、应用新型举国体制

举国体制是一种为保证国家战略目标实现，由国家行政力量指令性或引导性集中配置资源的组织制度安排，其特殊性在于资源组织的政府主导性，优势在于能将有限的资源快速向战略目标领域动员和集中（蔡笑天，2023）。"举国体制"的提法发端于新中国 20 世纪 50 年代竞技体育事业，举国体制推动了当时我国经济体育事业的快速发展。20 世纪 60 年代以来，我国采取举国体制实施国家重大战略任务和关键技术攻关，成功完成了"两弹一星"、洲际导弹、潜地导弹和通信卫星的研制任务。

党的二十大报告要求，"完善党中央对科技工作统一领导的体制，健全新型举国体制，强化国家战略科技力量"。新型举国体制是计划经济条件下举国体制的继承、发展和创新，是在国际战略格局多元化、经济全球化、社会信息化及社会主义市场经济条件下的新体制，是中国集中力量办大事的制度优势、超大规模的市场优势、市场在资源配置中的决定性作用以及更好发挥政府作用的结合体。新型举国体制在深化传统举国体制所具备的顶层设计与高位推动、统一协调与集中力量办大事以及社会动员与贯彻落实等方面的制度势能的同时，又基于中国特色社会主义市场经济的特征发展出有效市场与有为政府有机结合的制度势能，提升了资源配置效率以及政府、市场与社会之间的协同效能（游光荣，蒋金利，2023）。因此，本书认为，创新联合体建设也应充分应用新型举国体制。见表4-1。

表4-1　中国"举国体制"与"新型举国体制"特征比较

	举国体制	新型举国体制
作用阶段	20世纪50年代初至20世纪末	21世纪以来
典型案例	"两弹一星""三抓"任务	探月工程、"北斗"卫星导航系统
决策机制	中共中央专门委员会	党中央、国务院领导挂帅的专项领导小组
运行机制	全国一盘棋，绿色通道	全国大协作
国情国力	资源匮乏，资金短缺，工业基础薄弱，人力资本短缺	综合国力大幅提升，资金充裕，工业生产大国，人力资源丰富
服务目标	国防安全主导，经济社会发展需求有限	国家发展与安全统筹
首要领域	竞技体育、国防科技进步	科技创新
国际环境	主旋律为东西方对垒，冷战	一超多强，多极化
科技发展态势	大部分时间遭西方封锁，机械化主导	全球化，信息化，智能化
经费投入模式	中央政府投入	中央和地方政府投入，引导社会资金
资源配置手段	主要是计划经济体制，运用计划手段甚至军事化手段，忽视市场手段	社会主义市场经济体制，有为政府与有效市场相结合
社会价值观	单一	多元
人才激励机制	爱国主义、集体主义精神激励主导，基本忽略物质激励	以人为本，尊重创新、创业、创造
国家创新体系	师承苏联模式：军民二元，科研生产分离，科技与经济脱节，知识流动有限，线式创新。后期引入国家创新体系概念	创新要素流动加速，创新范式趋向网络化、去中心化、扁平化

举国体制不是经济社会发展中的一般性常规机制，其应用领域和方向必然会有所限定。但是集中力量办大事的举国体制能够超越短期和局部利益，能够在"急、难、险、重"的科技攻关任务中发挥巨大的制度优势。因此，新型举国体制适用于以关键核心技术攻关为牵引的全域创新，是系统性构建中国科技创新体系化能力的制度基石。以关键核心技术为牵引意味着抓重大、抓尖端、抓基本，在关键领域、关键环节和关键产品上实现突破，带动产业链、创新链、人才链的全面升级，从而提升创新体系化能力，推进实现高水平科技自立自强。因此，新型举国体制应用的边界为：在尊重和遵循社会主义市场经济规律、科技创新发展规律和未来科技属性特征的基础上，坚持"四个面向"，明确目标任务，集中资源与载体，实现基础研究的重大突破和关键核心技术的攻关。具体来说，以关键核心技术攻关为牵引的全域创新的重点集中在以下四个方向和四个领域（高菲，王峥，王立，2023）。见表4-2。

表4-2 以关键核心技术为牵引的全域创新的方向和领域

方向	面向世界科技前沿	面向经济主战场	面向国家重大需求	面向人民生命健康
领域	战略性技术：传承原有举国体制下涉及国家安全和民生安全的重大战略性领域，如大型战略产品或基础设施、关系人民生命健康的重大创新等			
	前瞻性技术：关注前沿战略技术方向，加大基础研究，抢占未来科技创新的制高点			
	"卡脖子"技术：聚焦现有基础工业、制造业等领域的产业共性技术、重大装备的关键核心技术			
	防御性技术：关系产业链、供应链安全的防御性领域，这一领域的特征是产品（原材料）完全依赖进口，国内技术攻关可解决生产瓶颈，但市场规模较小，企业缺乏创新动力			

新型举国体制下，创新联合体建设将发挥以下优势（刘乐明，2023）。见图4-1。

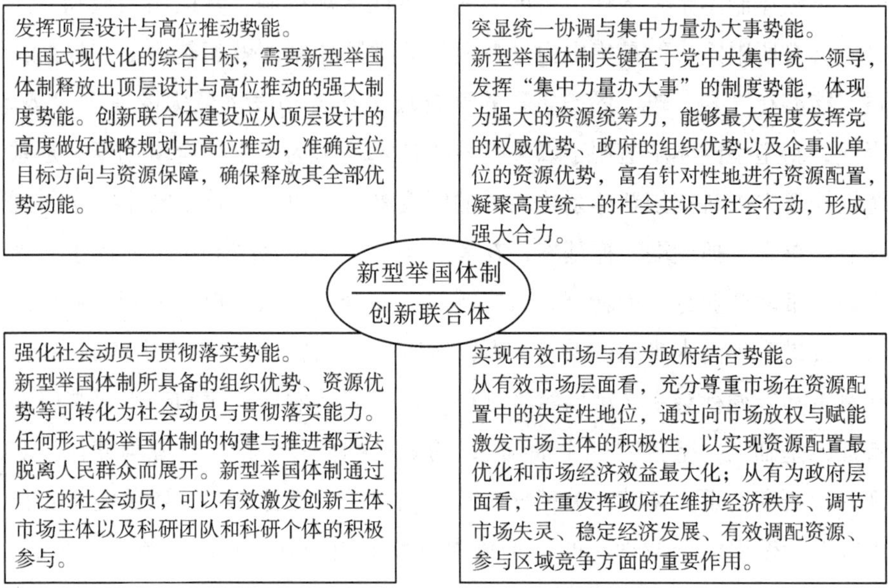

发挥顶层设计与高位推动势能。
中国式现代化的综合目标,需要新型举国体制释放出顶层设计与高位推动的强大制度势能。创新联合体建设应从顶层设计的高度做好战略规划与高位推动,准确定位目标方向与资源保障,确保释放其全部优势动能。

突显统一协调与集中力量办大事势能。
新型举国体制关键在于党中央集中统一领导,发挥"集中力量办大事"的制度势能,体现为强大的资源统筹力,能够最大程度发挥党的权威优势、政府的组织优势以及企事业单位的资源优势,富有针对性地进行资源配置,凝聚高度统一的社会共识与社会行动,形成强大合力。

强化社会动员与贯彻落实势能。
新型举国体制所具备的组织优势、资源优势等可转化为社会动员与贯彻落实能力。任何形式的举国体制的构建与推进都无法脱离人民群众而展开。新型举国体制通过广泛的社会动员,可以有效激发创新主体、市场主体以及科研团队和科研个体的积极参与。

实现有效市场与有为政府结合势能。
从有效市场层面看,充分尊重市场在资源配置中的决定性地位,通过向市场放权与赋能激发市场主体的积极性,以实现资源配置最优化和市场经济效益最大化;从有为政府层面看,注重发挥政府在维护经济秩序、调节市场失灵、稳定经济发展、有效调配资源、参与区域竞争方面的重要作用。

新型举国体制
创新联合体

图 4-1　新型举国体制下创新联合体的优势

二、聚焦关键核心技术

突破关键核心技术是我国当前亟待破解的重大现实问题和主要的理论研究课题。习近平总书记在多个重要场合强调:"关键核心技术是要不来、买不来、讨不来的。只有把关键核心技术掌握在自己手中,才能从根本上保障国家经济安全、国防安全和其他安全。"中美贸易战以来,以美国为首的西方国家不断主动或被动地对我国企业进行技术封锁,在以高端数控机床、高端芯片、核心发动机等领域实施关键核心技术"卡脖子"。由此,"关键核心技术"广泛、重复出现在国家重大规划、实施方案和领导发言中,也成为学术界研究和讨论的重点、热点话题。但何为关键核心技术?协同攻关、重大科技项目、创新资源应瞄准哪些关键核心技术?不同的关键核心技术是否需要采用不同的科研组织模式?在现有研究成果的基础上,本书梳理了创新联合体应聚焦的"关键核心技术"的定义、内涵、特征和类型。

(一)定义

核心技术中短期与别国存在技术差距、遭受别国封锁打压,中长期作为科技强国的国之重器需要战略部署，能够持续维护军事、经济、科技、信息、生物以及社会等方面的安全并在技术链和产业链中起决定性作用的技术、方法与知识，包括关键共性技术、前沿引领技术、现代工程技术和颠覆性技术等。

（二）内涵

①当前国外实施禁运、禁售和技术封锁的核心技术，具有核心技术应用的关键产品即为我们最为紧急需要突破的关键核心技术。②关键核心技术存在于国家安全体系各个方面，关键核心技术若未能牢牢掌握在自己手中，则一旦受到限制，整个产业链便无法产出或所产出的产品和服务处于停摆瘫痪状态，导致产业受到降维打击，并不同程度上对国家发展和国家博弈造成重大影响。③关键核心技术在时间维度上分为重要紧急和重要不紧急两种，掌握程度上分为"跟跑""并跑"和"领跑"三种。

（三）特征

技术地位的高壁垒性和垄断性、攻关过程的高投入性和长期性、突破机制的独特性与系统性、创新成果的（准）公共物品性和持续性（胡旭博，原长弘，2022）。

（四）类型

由上文分析可见，何为关键核心技术是由我国的技术掌握程度以及与发达国家的技术差距所决定的。葛爽、柳卸林（2022）从关键核心技术规律特征、我国该项技术发展水平这两个维度构建关键核心技术系统分类体系。他们认为：技术的发展规律特征决定了该项技术的追赶难度和突破路径，技术发展水平则体现了我国目前对该项关键核心技术上的掌握程度。在此基础上，将我国关键核心技术分为集成型技术、攻关型技术、开放型技术和探索型技术（见图4-2）。

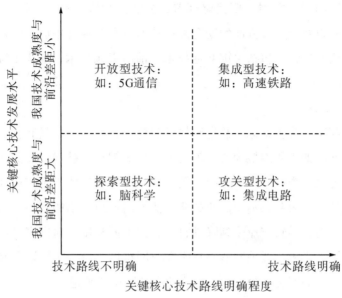

图 4-2　关键核心技术分类象限图

三、实施有组织科研

2020 年，美国国家科学院出版了《无尽的前沿：未来 75 年的科学》，对新形势下美国科学创新与研究的发展进行了总结与展望。报告强调，要加强政府对基础研究的投入，融合科学边界，树立战略性关键技术领域的目标导向，从而保持美国在全球科研的领导力。这与我国要"以国家战略需求为导向，积聚力量进行原创性引领性科技攻关"的科研战略目标不谋而合。其目的都是要面向国家战略导向实施有组织科学研究（周光礼，姚蕊，2023）。其深层次原因在于当前全球科研竞争日趋激烈，个体研究者"单打独斗"式的科研模式不利于产生具有重要影响的科研成果。科学研究需要从好奇心驱动的、自由探索式的科研模式转变为面向国家战略需求和产业发展需求的、有组织的科研模式。

创新联合体作为领军企业牵头的，充分吸纳整合国家科研机构、高等学校等科研力量的，面向国家战略安全和关键核心技术突破的新型组织，更应采用有组织的科研模式。创新联合体采用的科研组织模式与各参与主体的科研模式息息相关并相互影响。从世界范围看，现代科学的 3 种主要组织形式——国家科研机构、高等学校和企业研发机构。国家科研机构服务于国家目标和国家利益，解决国家和社会发展中的重要科技问题。高等学校从事自由探索式研究，并培养人才；企业研发机构以企业的商业目标为主导，主要从事新技术和新产品的研发，以及改进产品和工艺。目前国家科研机构已普遍采用组织科研模式，但高等学校组织科研模式运用不足。采用组织科研模式充分发挥高等学校作为科技创新的主力军和生力军作用，将大大提升创新联合体建设的实施效果。

（一）国家科研机构组织科研模式的探索实践

新中国成立后，科学技术基础薄弱，面对国家经济建设、社会发展和国防建设的急迫需求，中国科学院成立了，其后各部委分别建立了自己的研究机构，如农业、医学、航空、航天、机械、电子、化工、原子能、煤炭、有色金属等领域。这些国家科研机构以国家战略需求为导向，解决国家发展各重要领域的重大科学问题和攻克关键技术，成为推进中国科技和经济社会发展、维护国家安全的重要科技力量。以中国科学院、国防部五院为代表的"国家队"对"两弹一星"、载人航天、北斗卫星、深海技术等国家重大需求也做出了基础性和决定性的贡献（樊春良，李哲，2022）。这些国家科研机构的科研组织模式和科研目标导向都是典型的组织科研模式。

改革开放以来，国家强化"有组织的基础研究"任务布局与创新主体建设，重点加强对基础研究的支持。1984 年实施国家重点实验室建设计划，加强对重点科研基地的稳定支持。1991 年实施"攀登计划"，增强政府推动基础研究的职责。1997 年启动实施国家重点基础研究发展计划（"973 计划"），以国家重大战略目标为导向，对基础研究发展起到了巨大推动作用。2018 年，国务院发布《关于全面加强基础科学研究的若干意见》，强调"推动自由探索和目标导向有机结合"。总体来看，目前我国国家科研机构形成了"有组织科研机构+有组织科研计划"的科技格局。

（二）高等学校实施有组织科研的逻辑和方向

与国家科研机构相比，我国数量众多的高等学校实施有组织科研还不足，高等学校没有将自身资源优势、人才优势和平台优势充分发挥，对国家科技自立自强的支撑力还不够强、发挥的作用还不够大。

高校是科学研究的主力军和主阵地，传统大学以院系和学科为单位组织科学研究的知识生产模式，主要实施学科导向和自我选题的"自由探索式"科研相结合的科研组织模式。这种科研模式下的高校科研在一定时期内推动了高校学科体系的全面发展，在探索基础科学领域和未知科学领域方面推动了我国科技能力的提升。但随着新一轮科技革命和产业变革持续推进，学科之间、科学与产业之间呈现日益交叉融合趋势，重大科学规律的发现和颠覆性技术的突破更加依赖于跨学科、跨团队、跨组织、跨领域的协同合作。学科导向的松散型科研组织模式在应对"投入大、周期长、见效慢"的国家战略性重大问题时，难以集聚科技资源形成攻坚克难的创新合力。同时，在现有科研评价导向下，唯论文、唯帽子、科研短视等行为依然变相存在，科研团队"小而散"、科研成果追求"短平快"，广大科研人员特别是青年科研工作者热衷于牵头干点小项目，不愿意参与承担重大任务，"宁做鸡头不做凤尾"的现象还普遍存在，这些都不利于有组织科研的实施，也浪费国家紧缺的科研资源和科研投入。

2022年8月，教育部印发《关于加强高校有组织科研 推动高水平自立自强的若干意见》，就推动高校充分发挥新型举国体制优势，加强有组织科研，全面加强创新体系建设，着力提升自主创新能力，更高质量、更大贡献服务国家战略需求做出部署。未来，高校实施有组织科研模式，要努力实现四个转变。

一是在项目组织上，从"被动接单"向主动出击转变。把服务国家重大战略需求作为科研的主攻方向，建立重大任务组织机制，论证提出和高质量实施一批前瞻性、战略性、引领性重大科研任务，主动谋划、主动对接、主动服务国家重大需求和行业产业发展需要。

二是在平台建设上，从"自由生长"向定向培育转变。围绕国家重大战略需求和重大任务，系统布局重大科研平台，提高体系化、建制化建设水平。

三是在团队建设上，从"戴帽子"向重实战转变。依托重大科技任务或工程，不拘一格吸纳青年科研工作者、硕博士甚至本科生，不为"帽子"而搞科研，不为拿项目而搞科研，不为争经费而搞科研，在实战中发现、培养、造就战略科学家、科技领军人才及创新团队。

四是在支撑引导上，从资源引导向综合施策转变。增强政策的系统性、针对性，在资源配置上避免"撒胡椒面"，促进教育、科技、人才、产业等资源形成有效合力，引导高校聚焦国家战略需要开展科技攻关。

四、打造战略科技力量

党的二十大报告提出，"强化企业科技创新主体地位"。习近平总书记在中共中央政治局第三次集体学习时强调，注重发挥"科技领军企业'出题人''答题人''阅卷人'作用"。推动企业加强基础研究，要重点支持企业特别是科技领军企业向创新链前端攀升，激发各类创新主体协同推动科技进步的巨大潜力，形成推进中国式现代化的澎湃动能。科技领军企业作为国家战略科技力量的重要组成部分，是全面提升国家创新体系效能的先锋队，是实现高水平科技自立自强的主力军。科技领军企业是提升国家科技实力的关键主体。企业处于市场最前沿，是新技术需求的最先捕获者和新技术成果的最终应用者。科技领军企业具备研发投入强、技术水平高、人才储备足等先天优势，在整合汇聚创新资源、营造区域创新生态、提升创新体系综合效能等方面能够发挥巨大作用，可以加快突破产业共性技术、关键核心技术，提升国家整体科技实力。因此，科技领军企业牵头的创新联合体同样也是国家战略科技力量的重要组成部分，创新联合体的建设目标应是打造形成国家战略科技力量。按照国家战略科技力量组织方式和运行模式，创新联合体的建设也应该坚持以下几点。

第一，战略牵引，国家主导。以国家战略科技任务为牵引，坚持"四个面向"，聚焦关键核心技术和产业链供应链安全。由中央决策提出战略科技任务，最大限度凝聚各方面共识，为创新联合体实施国家战略科技任务顺利实施提供坚实保障。中央和国家机构围绕国家战略科技任务在全国范围内按需动员组织国家战略科技力量，而作为国家战略科技任务完成与否的责任主体直接向中央负责。

第二，军民融合、平战结合。一方面，要支撑国家高质量发展，解决影响国家核心竞争力和经济社会可持续发展的重大科学技术问题；另一方面，要保障国家安全，确保国家重要安全领域技术领先、安全、自主、可控。潜在的国家战略科技力量只有在"平时"立足自身研究领域不断提升能力，方能在"战时"胜任国家战略科技任务攻关。

第三，动态组织，点将挂帅。围绕国家战略科技任务进行动态组织，即"因需而聚、聚之能战、战之能胜、再战再聚"。充分发挥领军企业作用，实施垫江挂帅，将国家战略任务和科学发现的信号、市场信号叠加，找到科技创新和产业发展前进的方向，将科技资源和市场资源结合，协同高校和院所提出并解决"卡脖子"技术背后的基础理论和技术原理问题，以最快的速度和最大的力度将科学发现转化为科技伟力和生产力。

第四，体系力量，借助市场。国家战略科技任务系统性强，涉及多学科、多领域、多环节、多类型的科研攻关活动。创新联合体充分发挥社会主义制度优势、新型举国体制优势、高效协同组织优势和给予契约的市场优势，将有为政府与有效市场有机结合，推动各参与主体在合理分工的基础上各司其职、各尽其力、相互配合，开展协同攻关，形成完成国家战略科技任务的体系化力量。

第二节　创新联合体建设的总体思路

一、指导思想

（一）建设定位

以习近平新时代中国特色社会主义思想为指导，深入贯彻落实党的二十大精神，"提升企业技术创新能力，完善技术创新市场导向机制，强化企业创新主体地位，促进各类创新要素向企业集聚，形成以企业为主体、市场为导向、产学研用深度融合的技术创新体系"。构建由战略科技类、产业发展类、应急攻关类、未来科技类等方向组成的创新联合体，由创新能力突出的优势企业牵头，以实现科技自立自强为主要目标，以关键核心技术攻关重大任务为牵引，坚持系统布局、体系推进，按需联合能够优势互补的大学、科研院所及产业链上下游企业，充分发挥新型举国体制对科技创新的促进效能，探索协同创新新模式，加强统筹部署和协同创新，提高创新体系整体效能，突破"卡脖子"关键核心技术，打造国家产业发展新阶段关键核心技术攻坚战的战斗主力，成为推动我国实现科技追赶到科技领先的重要创新平台。

（二）建设原则

1. 统筹谋划、系统布局

面向重大科技前沿的基础研究、面向重大科技项目和工程的应用研究、面向战略性产业发展的技术研究和产品开发，系统谋划创新联合体领域、区域布局，统一部署、分步实施、分类支持，统筹推进创新联合体高质量建设布局。

2. 创新驱动、高质建设

以深入实施创新驱动发展战略为牵引，坚持以机制创新驱动技术创新为导向，积极响应高质量发展的新时代要求，坚持科技创新在创新联合体建设中的核心地位，高质高效推进创新联合体建设。

3. 市场导向、灵活配置

创新联合体自身是一个市场化的实体，面向市场一线，以技术为产品、以成果为产值，参与充分的市场竞争。同时积极与院所高校、政府平台、金融机构等合作，灵活配置创新资源。

4. 动态调整、科学发展

创新联合体建设遵循动态调整原则，将其自身视为一个生命体，不断新陈代谢、不断动态调整。坚持科学发展，设置合理的退出机制，能进能出、能上能下，始终保持有生命力的科研生态。

（三）建设目标

围绕面向世界科技前沿、面向经济主战场面、面向国家重大需求、面向人民生命健康，在主导产业、战略性新兴产业、风口和未来产业，围绕制约产业发展的"卡脖子"技术和产业共性关键技术，组建创新联合体集群，坚持以领军企业为主体，坚持市场化导向，高效协同产业链上下游"政产学研金服用"等各类创新主体，共同组建体系化、任务型的创新合作组织和利益共同体，有效聚合和配置人才、资金、项目等各类创新要素，着力突破制约产业发展的关键核心技术，推动我国战略科技产业实现跨越发展。到2025年，布局建设战略科技类、未来科技类创新联合体5~10个，建设产业发展类省级以上创新联合体超100个，建设和维持应急攻关类创新联合体10个左右。到2035年，初步形成战略科技类、产业发展类、应急攻关类、未来科技类等方向组成的创新联合体集群，燃料电池、光刻机、操作系统等关键核心"卡脖子"技术取得决定性突破，国产化替代进程明显加快，有力支撑实现高水平科技自立自强。

（四）建设布局

1. 技术布局

瞄准国家重点产业领域关键核心技术，围绕光刻机、光刻胶、透射式电镜、医学影像设备元器件、航空发动机短舱、单核苷酸分辨交联免疫沉淀（iCLIP技术）、适航标准、高端电容电阻、核心工业软件、核心算法、铣刀、航空设计软件、环氧树脂、高强度不锈钢、芯片、操作系统、触觉传感器、真空蒸镀机、重型燃气轮机、氧化铟锡（ITO）靶材、航空钢材、高端轴承钢、高压柱塞泵、高压共轨系统、微球、燃料电池关键材料、高端焊接电源、锂电池隔膜、超精密抛光工艺、数据库管理系统、扫描电镜、掘进机主轴承、手机射频器件、激光雷达、水下连接器等"卡脖子"关键技术，积极与国家的科技计划、攻关计划相对接，搭建创新联合体，贯通行业间壁垒，提升国家创新体系整体效能，将创新联合体打造成关键核心技术突破的重要载体。见表4-3。

表4-3　35项关键核心技术

1	光刻机	19	高压柱塞泵
2	芯片	20	航空设计软件
3	操作系统	21	光刻胶
4	触觉传感器	22	高压共轨系统
5	真空蒸镀机	23	透射式电镜
6	手机射频器件	24	掘进机主轴承
7	航空发动机短舱	25	微球

表4-3(续)

8	iCLIP 技术	26	水下连接器
9	重型燃气轮机	27	高端焊接电源
10	激光雷达	28	钾电池隔膜
11	适航标准	29	燃料电池关键材料
12	高端电容电阻	30	医学影像设备元器件
13	核心工业软件	31	数据库管理系统
14	ITO 靶材	32	环氧树脂
15	核心算法	33	超精密抛光工艺
16	航空钢材	34	高强度不锈钢
17	铣刀	35	扫描电镜
18	高端轴承钢		

2. 产业布局

瞄准国际竞争中的核心关键产业，针对工业母机、高端芯片、基础软件、新材料、发动机、生物医药、新型功能材料、信息技术服务、智能制造等薄弱产业环节，坚持以领军企业为主导，大力支持创新要素集聚和产业生态系统运营。围绕尖端产业，高效对接企业研发需求与高校、院所的科研力量，共同组成从科研成果到实际产品的重要中间实体，构建新一代信息技术、人工智能、生物技术、新能源、新材料、高端装备、绿色环保等一批新的增长引擎。积极布局类脑智能、量子信息、未来网络、超材料、未来网络、深海空天开发、合成生物、细胞与基因等未来产业领域，以未来科技优势科研企业和高水平创新团队为主体，聚合国内外高校、院所、产业链企业等优势创新资源，前瞻性研发未来科技制高点的产业瓶颈技术。

3. 区域布局

以我国区域建设为导向，充分发挥区域资源禀赋，推动以京津冀协同创新共同体、长三角科技创新共同体、粤港澳大湾区科技集群、长江经济带创新群、黄河流域生态保护和高质量发展沿线地区、成渝双城新兴经济圈为区域主体，构建区域特色协同创新联合体，如京津冀经济圈以集成电路、生物医药、网络安全等为重点方向，长三角集中打造电子信息、装备制造、钢铁制造、石油化工、汽车等产业创新高地（杨娟，2022），粤港澳大湾区以生物医药、人工智能、集成电路等为主攻方向，成渝双城新兴经济圈主要布局电子及通信设备制造业、汽车制造业、医药健康、新型材料等，通过区域差异化布局，提升区域间协同创新联合效能，进一步发挥区域创新在塑造发展新动能、新优势中的重要作用。

二、建设模式

（一）战略科技类，计划科研模式

1. 总体思路

以国家战略需要为导向，以国民经济发展需求为牵引，突出国家组织主导作用，紧紧握住创新联合体纵向联合、横向协同的科研组织优势，围绕创新组织的现代化建设，以创新质量升级、主体升级为主线，以国家部门为主推手，以立场坚定的核心科研骨干企业和高水平创新团队为主体，聚集一批国内科研核心骨干企业，牵引行业高校、院所、产业链优势企业，开展科研协同攻关，以系统性解决国家重大战略急需和核心任务为发力点，聚焦制约综合国力增强的关键核心技术开展重点攻关，努力突破一批世界领先级前沿技术，带动产业链整体效能提升、促进产业升级，推动实现科技自立自强。

2. 科研模式

计划科研模式。围绕国家需求、突出战略的导向，自上而下组织科研力量、集聚创新资源，主要以计划任务推动重大技术攻关，集中力量办大事。

3. 主要任务

研发关于国家发展、国防安全和国计民生的重大关键技术、装备，突破国外"卡脖子"技术，提升国家产业链、供应链的韧性和安全水平。由科技部牵头制定实施方案和操作细则，确定创新联合体牵头单位标准，明确实施流程、过程管理、激励约束、风险控制、风险补偿等规范，围绕国家战略需求领域，制定创新联合体布局及需求清单。采用"揭榜挂帅"等手段遴选牵头单位，由牵头单位根据实际需要，自主聚合组建创新联合体，并研究制定技术路线图、签订目标任务书，实施组织和过程管理。

4. 建设布局

专注于国家重大战略需求，尤其是高端芯片与软件、智能科技、新材料、先进制造和国家安全等关键领域，布局战略科技类创新联合体，打造战略科技创新核心力量。

5. 建设流程

围绕国家战略科技，采用计划科研模式，整体工作在中央科学技术委员会指导下，由重组后的科技部具体统筹领导，重点面向世界科技前沿、面向国家重大需求，发挥新型举国体制效用，集中力量办大事。

需求征集。立足全球视野，由中央科学技术委员会召集全国顶尖专家团队，自上而下提出建设需求。同时，针对国家科技发展实际和"卡脖子"情况，由科技部面向全社会自下而上征集建设需求。

需求评审。在中央科学技术委员会指导下，由科技部牵头，组织"两院"院士、国家各部委专业领导、行业顶尖专家，开展战略科技类创新联合体建设需求评审。

榜单发布。由科技部面向全社会发布通过评审的创新联合体建设需求，"揭榜挂帅"征集牵头单位和建设方案。

单位揭榜。各相关单位根据榜单要求，在政府主管部门指导和参与下，组织科学家/专家、合作单位、政府平台等创新链资源，共同拟制建设方案，并向科技部提出申请。

全国PK。科技部牵头对提交的建设方案进行形式审查，符合条件的进入全国公开PK。由组织"两院"院士、国家各部委专业领导、行业顶尖专家等，按照国家需求和榜单要求，对建设方案进行公开评审。

批准建设。根据评审结果，选取最优建设方案，下达批准建设文件，并引导人才、资金等创新资源向立项的创新联合体汇聚。对于特别重要的关键核心技术，可以采取"赛马"机制，批准建设2~3家同类型创新联合体。

项目验收。建设期满，依据需求榜单和各创新联合体建设方案中的建设目标，由科技部牵头，组织专家对已立项创新联合体实施验收，主要考评其建设期内技术突破、人才培养、学科建设等方面指标。

持续建设/摘牌。通过验收的创新联合体，由科技部组织各方资源，持续进行投入。创新联合体制定年度工作计划和中长期工作目标，开展持续建设。未通过的创新联合体，设置2年整改期，如果还未达到建设要求，取消创新联合体建设资格。见图4-3。

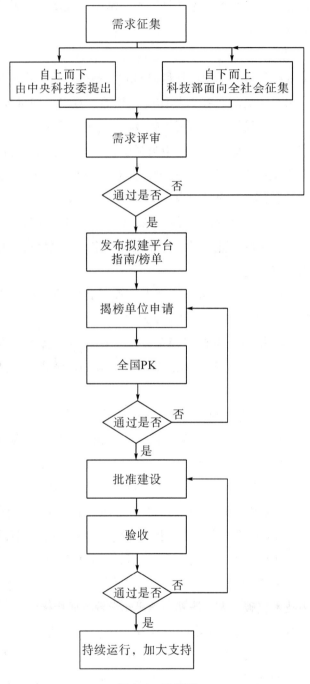

图 4-3　流程图

创新联合体建设运行与政策制度研究

（二）产业发展类，市场科研模式

1. 总体思路

以国内外市场发展为导向，坚持市场实际需求牵引，突出省市等政府部门组织主导作用，紧紧围绕各省市区域优势产业领域，结合区域特色优势资源，以创新质量升级、主体升级为主线，以省市政府部门为推手，以省市具有代表性的科研骨干企业和高水平创新团队为主体，进一步聚合区域内外高校、院所、产业链企业等优势创新资源，以体系化解决制约省市核心产业发展和区域文化建设为着力点，培育一批核心能力突出的重点企业，打造区域特色产业集群，推动区域经济高质量发展。

2. 科研模式

市场科研模式。围绕产业需求、突出市场导向，由企业主导、市场按需配置资源，自下而上开展产业急需的技术攻关。

3. 主要任务

充分挖掘当下和未来市场需求，围绕区域重大产业问题和行业关键核心技术，开展产业关键技术、共性技术研发，产出并转化科技成果，建立"基础研究—应用研究—产品开发—产业转化—市场占有"全链条科技生产，全面提升区域研发能力、产业实力和发展动力。相关政府部门牵头制定新的产业创新联合体实施方案和操作细则，确定创新联合体牵头单位标准，明确实施流程、过程管理、激励约束、风险控制、风险补偿等规范，围绕区域产业发展需求领域，制定创新联合体布局及需求清单。

4. 建设布局

专注于省市主导产业发展需求和薄弱环节，布局产业发展类创新联合体，打造区域科技创新有生力量。

5. 建设流程

产业发展类创新联合体采用市场科研模式，面向经济主战场，以国省协同为主，由各行业主管部门牵头，依托发改委产业创新中心、工程实验室，科技部国家重点实验室、国家技术创新中心，工信部制造业创新中心，科工局国防重点实验室、国防创新中心等现有创新平台体系，开放思路、拓展模式，鼓励支持一批新的产业创新联合体。

产业调研。由省科技术厅、省经济和信息化厅、省发展和改革委、省国防科技工业局等行业主管部门牵头，围绕制约行业发展的关键核心技术领域，促进区域高质量协同发展，深入开展行业调研，找出相关产业发展的痛点堵点，形成产业发展类创新联合体建设需求。

发布指南。由相关行业主管部门分别向各自领域/区域发布建设指南，定向与不定向结合，寻找建设单位。

单位申报。各相关单位根据指南要求，在政府主管部门指导和参与下，组织人才、资金、仪器设备等创新资源，拟制建设方案，向相关行业主管部门提出申请。

项目评审。相关行业主管部门组织行业专家，按要求开展产业发展类创新联合体建设评审。

批准建设。根据评审结果，选取最优建设方案，相关行业主管部门下达批准建设文件，并引导人才、资金等创新资源向立项的创新联合体汇聚。

项目验收。建设期满，依据各创新联合体建设方案中的建设目标，相关行业主管部门组织专家对已立项创新联合体实施验收，主要考评其建设期内技术突破、产业贡献、行业辐射等方面指标。

持续建设/摘牌。通过验收的创新联合体，由相关行业主管部门组织各方资源，持续进行投入。创新联合体制定年度工作计划和中长期工作目标，开展持续建设。未通过的创新联合体，设置1年整改期，如果还未达到建设要求，取消创新联合体建设资格。见图4-4。

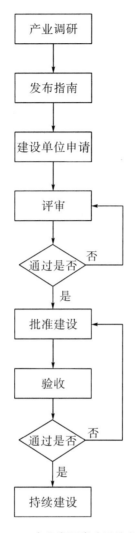

图 4-4　产业发展类建设流程图

（三）应急攻关类，目标科研模式

1. 总体思路

以突发性事件为导向，以紧急技术攻关需求为牵引，突出部委行业主管部门组织主导作用，紧紧围绕解决突发性安全、卫生、生物、灾害等难题，结合事态最新发展形势，以短时间、高质量为主线，以部委行业主管部门为推手，面向可能发生紧急突发性事件的重点领域，以行业最前沿的先进科研企业和高水平创新团队为主体，进一步聚合国内外高校、院所、产业链企业等优势创新资源，以高效解决突发性事件为目标，打造创新组织，保障国家、人民生命财产安全。

2. 科研模式

目标科研模式。围绕突发需求、突出问题导向，针对具体技术难点，迅速组织科研力量，集中攻关、灵活配置，形成突发性事件技术攻关能力。

3. 主要任务

开展紧急关键技术攻关，培养快速应对突发性事件技术攻关能力，建设高水平、快响应人才队伍，推动国家、国民安全保障升级。采用"揭榜挂帅"等手段遴选牵头单位，由牵头单位根据实际需要，自主聚合组建创新联合体，并研究制定技术路线图、签订目标任务书，实施组织和过程管理。由部委行业主管部门确定运行期限，根据技术突破和产业应用情况，决策是否开始下一轮研发应用。

4. 建设布局

围绕突发性事件高发领域，布局应急攻关类创新联合体，打造关键技术应急攻关生态。

5. 建设流程

应急攻关类创新联合体采用目标科研模式，面向人民生命健康、面向国家重大需求，按照"谁需要、谁建设、谁管理"原则，由部委行业主管部门牵头，围绕应急攻关需求，明确创新联合体建设布局和要求。见图4-5。

目标储备。围绕安全、应急、消防、突发事件等，根据部委行业主管部门业务发展需要，由相关行业主管部门实时储备目标牵头单位、扶持配套企业、打造产业生态。

定向发布。行业主管部门根据需要，定向发布应急攻关类创新联合体建设需求。

组织申报。在行业主管部门指导下，储备牵头单位根据当前要求，组织专家、配套单位等创新链资源，拟制建设方案，并向行业主管部门提出申请。

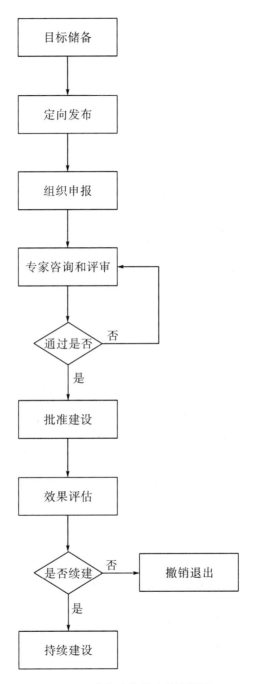

图 4-5 应急攻关类建设流程图

项目评审。行业主管部门组织高层次专家，按照应急攻关事件需求，对建设方案进行评审和辅导。

批准建设。行业主管部门根据评审结果，下达批准建设文件，快速组织人才、资金等创新资源向立项的应急攻关类创新联合体汇聚。

效果评估。建设期满或已解决现实问题，依据各创新联合体建设方案中的建设目标，由行业主管部门牵头，组织专家对已立项创新联合体开展效果评估，主要考评针对性解决问题的效果、效益等。

持续建设/撤销退出。根据效果评估和实际需要，如相关创新联合体仍有存在的必要，则由行业主管部门组织各方资源，开展持续建设。如相关问题已全部解决，创新联合体没有存在的必要，则撤销退出。

（四）未来科技类，组织科研模式

1. 总体思路

以未来科技发展为导向，坚持科技发展规律牵引，突出国家科研机构组织主导作用，紧扣人工智能、脑科学、基因编辑、元宇宙等未来科学领域，以国家科研机构为推手，以未来科技优势科研企业和高水平创新团队为主体，聚合国内外高校、院所、产业链企业等优势创新资源，以前瞻性研发未来科技制高点产业瓶颈技术为着力点，培育一批创新性技术研究成果，夯实基础研究，不断增强未来竞争能力优势。

2. 科研模式

组织科研模式。围绕未来发展、突出前瞻导向，由战略科学家等提出方案，国家层面组织科技力量，推动未来技术攻关。

3. 主要任务

开展自由探索研究，培育高水平人才队伍，培育未来战略核心科研力量。统筹全国高校、科研院所等研究力量，构建"科学大周界创新联合体"，设立经费、发散研究、松绑管理，由相关牵头单位制定实施方案和操作细则，确定创新联合体牵头单位标准，明确实施流程、过程管理、激励约束、风险控制、风险补偿等规范。

4. 建设布局

面向前沿科技、新兴领域、未来科学，布局未来科技类创新联合体，打造未来科技成果池。

5. 建设流程

未来科技类创新联合体采用组织科研模式，主要面向世界科技前沿，在中央科学技术委员会指导下，由科技部、国资委、教育部等单位牵头，围绕国家科技战略方向，自主聚合、动态调整、矩阵管理，构建可再生、可重构的生命组织，主要围绕未来科技领域，研究制定技术路线图、签订目标任务书，只对科研成果做方向性约束，鼓励采用颠覆式技术、容忍科研失败。

提出创想。由"两院"院士、高校院所顶级专家、行业企业等，立足科学视野、行业趋势，发散科学思维，提出创造性方案。

专家论证。在中央科学技术委员会指导下，由科技部等行业部委牵头，组织"两院"院士、国家各部委专业领导、行业顶尖专家，开展未来科技类创新联合体建设创想评审。

单位申请。创想需求由相关部委面向全社会发布，"揭榜挂帅"征集牵头单位和建设方案。各相关单位根据榜单要求，在政府主管部门指导和参与下，组织科学家/专家、合作单位、政府平台等创新链资源，共同拟制建设方案，并向主管部委提出申请。

专家评审。牵头部委组织国际知名学者、"两院"院士、国家各部委专业领导、行业顶尖专家等，按照未来科技需求和创新要求，对建设方案进行评审。

批准建设。根据评审结果，选取最优建设方案，下达批准建设文件，并引导人才、资金等创新资源向立项的创新联合体汇聚。

项目验收。建设期满，依据需求榜单和各创新联合体建设方案中的建设目标，由主管部委牵头，组织专家对已立项创新联合体实施验收，主要考评其建设期内技术突破、路径颠覆、学科建设等方面指标。

持续建设/摘牌。通过验收的创新联合体，由主管部委组织各方资源，持续进行投入；创新联合体制定年度工作计划和中长期工作目标，开展持续建设。未通过的创新联合体，设置 2 年整改期，如果还未达到建设要求，取消创新联合体建设资格。见图 4-6。

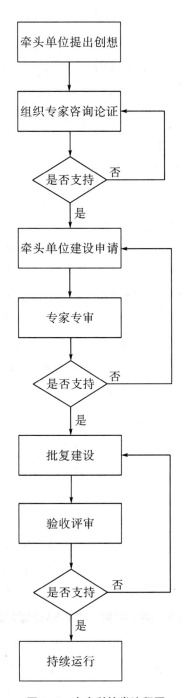

图 4-6　未来科技类流程图

创新联合体建设运行与政策制度研究

第三节　创新联合体的运行机制

一、组织架构

创新联合体主要根据国家重大科技项目开展建设，由领军企业牵头，联合研究机构、高等院校，辐射行业上下游企业，在政府引导下开展建设，在市场机制下稳定有序运行，其创新链上包含高校、科研院所、金融机构、企业和政府平台等，共同组建创新联合体，创新联合体内部由协议各方认可的章程和制度来约束各参与方的行为。

创新联合体旨在研发攻关关键核心技术，在政府的鼓励调节下，由领军企业牵头，上下游中小微企业积极参与，和研究机构、高校等合作共同进行技术攻克与开发，形成学、研、用、产各方都积极支持的融通创新平台。见图4-7。

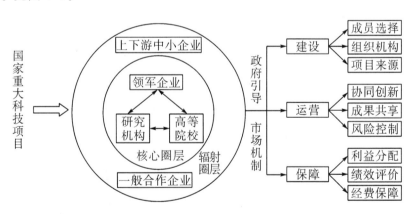

图4-7　创新联合体整体组织架构

具体而言，创新联合体一般包含四类，分别是战略科技类创新联合体、产业发展类创新联合体、应急攻关类创新联合体以及未来科技类创新联合体。

（一）战略科技类

战略科技类以国家战略需要为导向，以国民经济发展需求为牵引，以国家部门（中华人民共和国科学技术部）为总指挥，以政府主管部门领导小组为中心，以立场坚定的核心科研骨干企业和高水平创新团队为主体，聚集一批国内科研核心骨干企业，牵引行业高校、院所、产业链优势企业，开展科研协同攻关，以系统性解决国家重大战略急需和核心任务，推动实现科技自立自强。见图4-8。

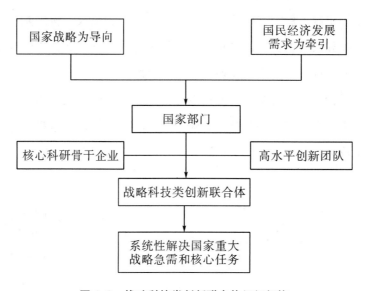

图 4-8　战略科技类创新联合体组织架构

（二）产业发展类

产业发展类以国内外市场发展为导向，坚持市场实际需求牵引，以省市政府部门为推手，以省市具有代表性的科研骨干企业和高水平创新团队为主体，聚合区域内外高校、院所、产业链企业等优势创新资源，以体系化解决制约省市核心产业发展为着力点，培育一批核心能力突出的重点企业，打造区域特色产业集群，推动区域经济高质量发展。见图4-9。

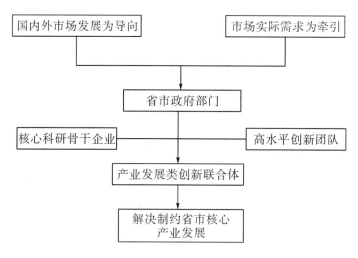

图 4-9　产业发展类创新联合体组织架构

(三) 应急攻关类

应急攻关类企业外部架构与以上相同,包含多方面主体。具体而言,应急攻关类创新联合体应以突发性事件为导向,以紧急攻关需求为牵引来确定自身定位。由部委行业主管部门指导方向,联合核心科研骨干企业以及高水平创新团队来建设成立应急攻关类创新联合体。其核心职责在于高效解决突发性事件,保障国家安全。见图4-10。

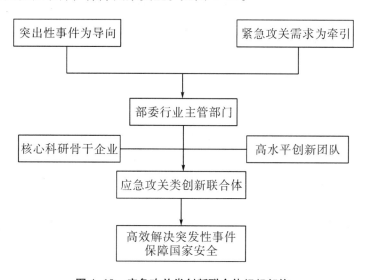

图 4-10　应急攻关类创新联合体组织架构

（四）未来科技类

未来科技类企业外部架构同样包含牵头企业和创新链条上的高校、院所、金融机构、配套企业，以及政府和国有平台。未来科技类创新联合体以未来科技发展方向为导向、科技发展规律为牵引，在国家科研机构的带头领导下，创新联合体由核心科研骨干企业以及高水平创新团队组成。其重点研究方向在于前瞻性研发未来科技制高点产业瓶颈技术。见图4-11。

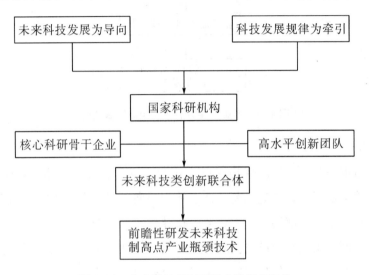

图4-11　未来科技类创新联合体组织架构

二、制度设计

（一）需求生成机制

对于参加创新联合体的企业，技术创新的目的是满足市场消费需求。满足市场需求意味着企业不仅要加深知识深度，更要拓宽知识宽度，这需要以建立需求生成机制为切入点。具体做法如下：

1. 企业需要明确自身的创新需求

领军企业有强烈的正向创新需求，但关键核心技术都是复杂综合性技术，其研发突破非单一创新主体能够承担，建立创新联合体的需求生成机制能让更多的中小企业参与到创新活动来。创新联合体需要针对龙头企业的正向创新需求，对当前业务流程、产品或服务深入分析，并识别存在的问题和改进的机会。同时，企业也需要关注行业趋势和技术发展，寻找可能的新的创新机会。

2. 依托创新联合体完善以需求为牵引的基础研究、应用研究

支持高校科研院所围绕企业需求开展科技攻关，引导高校、院所开展应用导向的科技研发。推动高校、院所将行业产业技术发展需求转化凝练为基础性的关键学科问题，将企业生产一线实际需求作为工程技术研究选题的重要来源，面向企业重大应用场景，开展应用导向的科技研发。同时也要着重培养思想觉悟高的科研人才与高层次创新人才，努力实现科技创新人才的自给自足。

3. 整合多个创新主体的创新资源

围绕共同创新目标，实现创新主体价值创造和价值增值的创新链。突出抓好科技创新和重点领域改革，完善以需求定项目、以应用定项目的项目生成机制。在提升核心创新企业技术创新能力和满足市场需求的双重目标诉求下，将企业、高校、科研院所等作为创新主体，政府和社会资本提供方等作为参与主体，给出围绕核心创新企业的创新链布局，集聚各方拥有的创新要素。

4. 企业还要主动创造市场新需求

在我国提出的"二氧化碳排放力争2030年前达到峰值、2060年前实现碳中和"的环境目标下，企业需要开发数字化技术、低碳技术和能源技术以赋能企业的减碳可持续发展；对于"十四五"规划中提到的"在人工智能、量子信息、集成电路等前沿领域进行具有前瞻性、战略性的国家重大科技项目，并加快壮大新一代信息技术、生物技术、新材料、高端装备等战略性新兴产业"等战略要求，核心创新企业需要发挥企业家精神，对产业形势和业态做出预判，利用资金和创新实力优势积极进行前沿领域布局和前瞻性技术储备，在国家科技创新战略中起到支撑引领作用。

（二）协同创新机制

协同创新机制的完善有助于打破科研机构和创新企业脱节的现状，通过高校和企业之间的合作，有利于改善要素供给并进一步优化供给侧管理，减少创新主体之间的利益冲突，同时也有利于为产业持续发展提供强

力支撑，激发主体创新活力，汇聚高质量发展的磅礴力量。具体做法包括以下 3 点。

1. 构建"优势互补、价值共创、利益共享、风险共担"的协同创新机制

指导龙头企业和产学研用各方以明确的共同目标和市场利益为纽带，构建密切的合作关系，围绕着关键核心技术的突破，构建出一支体系化的创新力量，形成一批可复制、可推广的优秀团队，以创新驱动引领高质量发展，克服传统联合攻关机制中存在的研发应用结合不紧密、持续性协同创新能力差等问题。

2. 组建合作形式分为水平和垂直的创新联合体

在市场竞争能力不强的情况下，由多家龙头企业组成创新联盟，通过"水平合作"的方式，从各个单位中挑选出优秀的科研人员，组成一个跨领域、跨学科的研究小组，对关键的共性技术进行研究。垂直合作主要是产业链上、下游通过一个协作网络，形成一个完整的、垂直分工协作的创新生态圈，建立一个虚拟的联合机构，以更好地进行资源的灵活分配。

3. 引导企业通过股权合作等方式加强与高校、院所的产学研合作

龙头企业是产业链的"链主"，对产业链具有较强的话语权。同时，通过股权合作等方式，也有利于引导龙头企业加强与高校、院所在人才、技术、设备、标准等方面的合作，不断提升自主创新能力，加大关键核心技术攻关力度，提升企业核心竞争力和产业基础高级化水平。

（三）成果转化机制

科技成果转化作为科技创新的重要环节，是科学技术转化为第一生产力的前提，是提升国家创新体系整体效能的关键。习近平总书记在浦东开发开放 30 周年庆祝大会上指出："要加速科技成果向现实生产力转化，提升产业链水平。推动重点领域项目、基地、人才、资金一体化配置，提升我国产业基础能力和产业链现代化水平。"建立以需求为导向的科研成果转化机制，将有效推动企业发挥市场主体作用，带动高校、科研机构以及金融、投资等机构参与成果转化和技术创新，形成科技成果从研发到市场的有效通道。具体做法包括以下 3 点。

1. 强化科研成果研以致用，加大科研成果转化投入力度

为促进科研成果的转化，应该重点围绕本地区关键领域的现实发展需求和加强高层次科研型人才的引进，着力提升科研成果的源头供给能力。

2. 搭建外向型科研成果转化平台，逐步提升科研成果转化价值

高校在发展的过程中应逐步完善科研成果的转化流程，从科研项目产生、立项评审到后期科研项目评价，以科研项目成果的输出及应用为导向，实现知识创新和知识应用的有机结合。同时，进一步完善政产学研融合创新机制，逐步打造按照市场化机制运行的创新共同体和利益共同体。

3. 构建成果转移转化供需融合发展机制

鼓励高等学校、科研院所、企业等创新主体建设专业化技术转移服务机构，以产业需求引领前沿技术和关键共性技术的成果转化和产业化应用。坚持企业主体、市场导向，聚焦重点产业关键技术协同创新，推动政产学研用合作创新网络建设，联合政、产、学、研、用五大创新主体密切合作、协同作战，优化整合高等院校、科研院所、科技企业孵化器等各类专业技术创新要素，着力打造从基础研究、技术研发、工程化研究到产业化的全链条、贯通式创新平台，以市场为纽带联结形成"政府—企业—高校—科研机构—个人"多重力量相互交融、收益共享、风险共担、螺旋前进的创新网络和体系。

（四）激励约束机制

创新联合体是新型举国体制的一种重要探索，有别于已有关键核心技术的攻关机构。过去一些产业共性研究领域存在研究能力分散、创新能力偏弱等问题，其成为关键核心技术被"卡脖子"的主要症结。近年来一些地方层面通过派驻"科技特派员"等方式为攻关关键核心技术提供帮助，部分地方强调人才激励与评价等方面加强配套政策及体制机制改革。因此，企业牵头组建创新联合体需探索新的激励机制，创新是引领发展的第一动力，科技创新本质是人的创造性活动，人才资源发展是国家发展的第一资源，人才激励机制是其中最重要的机制之一。打造高水平人才队伍，如上海市实行未来人才"雁阵计划"。

约束机制与激励机制相辅相成，二者缺一不可。约束的主体同激励主

体一致，在创新联合体中为企业、高校、科研院所，作为牵头的高新科技企业同样是受激励约束的对象。激励约束机制受激励约束环境的影响，这里主要指企业环境，包括企业所处的市场环境、资本市场、产品市场、组织设立的非强制性准则、组织结构、产品结构、股权结构、人事安排等。因此，创新联合体激励约束机制具体做法包括以下 5 点。

1. 建立以信任为前提的战略科学家负责制

实现高水平科技自立自强，其实更强调科学要走入无人区，走入未知的领域，敢担当，敢试错。科学的探索是永无止境的，必须让科学家没有后顾之忧，不能用固有的规则和传统的思维去束缚他。应该去引导方向、优化服务、营造氛围、宽容失败、鼓励创新。此外，政府也需要给予必要的政策对接和支持，聚焦关键核心技术突破和应用的瓶颈问题，建立重大创新科技成果产业化对接机制，开展供需双方对接洽谈活动，对关键核心技术产业化项目给予支持。此外，在打通高校、院所科技人才融入企业创新链的基础上，建立高校、院所科技人才融入企业创新链的工作机制。

2. 带头企业对组织成员采用扁平化管理方式

在减少信息逐级传递过程中失真的情况下，保证高校与科研单位在组织中与龙头企业的平等关系，而不是雇佣关系。激励科研人员大胆创新提供想法，放手去做。

3. 开展合理的绩效评价机制

绩效评价是最好的激励与约束方式，应从物质和非物质两个层面对创新联合体进行评价。物质层面为方案相关的条件支持，如资金、政策等；非物质层面为评奖、支持申报更高级创新联合体以鼓励科研团队。定期组织专家或委托专业第三方对创新联合体建设情况进行评价，评价结果分为优秀、合格和不合格三个等次。强化结果导向，评价结果为优秀的，除本方案给予的支持外，给予相关滚动支持，连续两次评价为不合格的取消创新联合体建设资格。

4. 加强对龙头企业的引导

政府相关部门发挥"牵线搭桥"作用，加大对创新联合体的推广力度，通过指导龙头企业与高校联合举办学术会议、技术研讨会议等形式，增加校企对双方的知晓度。

5. 加大知识产权保护力度

建议国家知识产权等相关部门对创新联合体各利益相关者在合作中的知识产权保护机制、共享形式和流程等做出明确规定，针对利益分配、成果归属等问题提出指导方案。

（五）利益分配机制

根据不同的合作组织模式选择与之相适应的、有利于创新联合体各方发展的利益分配方式。如投入和收益一致、风险与利益补偿一致、成果业绩与收益一致。在明确产权的基础上，将股份合作、股权分配、股权激励、市场业绩等方式引入合作利益分配中，是利益分配机制合理的有效办法之一。

将市场优势充分发挥出来，在关键核心技术的研究中，充分发挥市场化或第三方评估在应用场景测试中的作用，让市场"阅卷"。以特定领域的市场需求特征为基础，开展联合攻关成果的应用和推广试点，充分发挥我国超大规模市场的优势，扩大成果价值。在此基础上，依据价值共创原理，明确各成员间的互惠关系，并在市场收益与迭代升级中，实现风险与收益的共担，从而形成可持续的资源整合与创新突破。

（六）考核评价机制

实施创新联合体考核评价机制旨在全面了解和检查创新联合体的构建和运行状况，总结经验和成效，是加强创新联合体组织管理的重要环节。具体做法如下：

1. 强化结果导向

从项目执行完成情况、技术成果对重点产业的技术贡献度等方面进行绩效评价。建立以结果为导向的绩效管理机制，提升联盟、联合体服务能力和建设水平。对于评估结果为优秀的创新联合体，根据项目情况后续给予项目经费支持，对于评价结果较差的创新联合体，视情况调整或者中止项目经费支持。

2. 形成创新联合体动态评价机制

明确阶段性目标，将评价结果与政策激励机制相结合，引导创新联合体聚焦提升区域发展和产业创新，提升创新发展的牵引能力。

3. 提高创新联合体成果转化评价权重

建立成果转化机构、配备专职人员、构建中试熟化和技术转移服务等转化体系。针对成果转化岗位特点，开展转化人才分类评价。突出市场评价，实现人才价值与转移转化绩效相匹配。以社会效益、经济效益为主要考核指标，侧重评价成果转化效益。

4. 明确技术成果利益分配

对政府、企业、社会共同出资的技术成果，可签订债权投入或股权投资协议，其中政府专项资金的收益累计循环投入科技研发。对于企业、社会资金联合研发的技术成果，鼓励双方以协议契约形式，根据实际贡献约定技术成果收益分配比例。

第四节　创新联合体建设评价指标体系

一、指标选取思路与原则

（一）指标选择思路

指标选择上与总体一致。指标体系的构建的目的是优化创新联合体政策制定和科学管理服务，因此指标选取时，一要契合主题，二要综合当前相关研究，三要结合创新联合体建设之前政府选取的龙头企业来建设创新联合体和在创新联合体建设之后实际绩效。

（二）指标选取原则

指标体系的建立是多层次的，且结构复杂，只有从多个角度和层面来选取评价指标，才能准确且全面对创新联合体建设前企业选择和建设后绩效评估体系进行评价，为此在指标选择时必须坚持以下原则：

1. 区域性原则

衡量创新联合体建设的运行情况，要从特定的区域出发因地制宜、发挥优势，评价指标要具有针对性。要尽可能准确反映出特定区域的综合特征，即使在减少指标数量的情况下，也要便于数据计算和提高结果的可靠性。另外，评价指标体系的设置、权重在各指标间的分配及评价标准的划分都应该与自然和社会经济条件相适应。

2. 动态性原则

创新联合体的建设是一个动态的过程，指标选取不仅要能够静态地反映考核对象的发展现状，还要动态考察其发展潜力。选取的指标要能够具有动态性，可以衡量同一指标在不同时段的变动情况，并且要求所选指标在较长时间具有实际意义。

3. 可量化原则

数据真实性和可靠性是进行监测的前提条件和重要保障，需要大量统计数据作为支持。选取指标应该具有可量化的特点，在保证指标能反映创新联合体创新能力的前提下，能够直接查到或者通过计算间接得到指标数据，以保证评价的可操作性，同时数据来源要具有权威性。这样能保证正确评估研究对象。

4. 层次性原则

多指标综合评价是一种全面性的评价，对创新联合体建设进行综合评价要尽可能完整、全面系统地揭示技术创新的特征，要从总目标出发进行要素分解，一级指标同时分别设立多个具体的子指标。在众多指标中，把联系密切的指标归为一类，构成指标群，形成不同的指标层。这有利于全面清晰地反映研究对象，提高评价结果的公正性和权威性。

5. 科学性原则

各指标体系的设计及评价指标的选择必须以科学性为原则，才能客观真实地反映创新联合体环境、经济、社会发展的特点和状况，也能客观全面反映出各指标之间的真实关系。

6. 典型性原则

各评价指标应该具有典型代表性，既不能过多过细，使指标过于繁琐、相互重叠，又不能过少过简，避免指标信息遗漏，出现错误、不真实现象。并且数据还要易获取且计算方法简明易懂。

二、指标构成

创新联合体的运行，关键要素是科技领军企业牵头，这为创新联合体的组建操作确定了出发点。政府的作用，既是确定牵头的科技领军企业，也是配合牵头企业，政府要不断探索成熟的组织模式和运行机制。科技领军企业是新时代的四大国家战略科技力量之一。这一战略地位在《科技进步法》（2021 年版）第一章"总则"第四条中也有明确的表述："国家构建和强化以国家实验室、国家科学技术研究开发机构、高水平研究型大学、科技领军企业为重要组成部分的国家战略科技力量，在关键领域和重点方向上发挥战略支撑引领作用和重大原始创新效能，服务国家重大战略需要。"

研究创新联合体建设中，选择指标体系是关键的一步。本书从主体层面来构建指标，所建立的评价体系聚焦于企业主体，围绕在创新联合体建设之前政府应该选取哪些龙头企业来建设创新联合体和在创新联合体建设之后如何评价创新联合体的建设水平。近年来，有许多学者针对此进行深入研究。赵倩倩（2021）基于研究联合体的视角从创新发展、协调发展、绿色发展、开放发展、共享发展五个维度构建国家自主创新示范区产业高质量发展评价体系。马宗国（2022）基于扎根理论，对 11 个典型案例进行研究，得到具体影响因素，在此基础上构建了创新基础环境、研发创新协同、价值链攀升三个方面不同指标研究联合体视角下国家自主创新示范区企业转型升级评价指标体系。杨浩昌等（2021）从科技创新、经济创造、绿色环保、对外开放这四个维度构建产业发展水平的指标体系，利用基于熵权的动态激励模型，进行综合动态评价与比较分析 2009—2018 年制造业的发展水平。刘慧（2019）从投入能力、创新环境、管理能力和创新产出等方面选取了几个指标，运用层次分析法构建了区域创新能力评价体系，并对河南省郑洛新国家自主创新示范区的区域创新能力评价指标进行了分析。陈晨（2022）从产业创新协同模式入手，将经济密度、创新浓度、人才亮度三要素所需的各类资源赋能创新联合体，形成技术攻关创新联合体多元化赋能体系，针对长三角地区研究创新模式。

根据指标体系的设计要求及创新型领军企业特点，本书将在创新联合体建设之前选取创新型领军企业名额。本书主要从创新组织能力、创新投入能力、创新产出能力、创新管理能力和创新领导能力五个方面来展开选择指标体系。这五方面囊括了技术创新过程的所有重点要素以及创新全过程。最终指标选择如表4-4所示。

表4-4　创新联合体选择领军企业的指标体系

一级指标	二级指标
创新组织能力	企业 R&D 经费外部支出中高校和研究机构所占比重
	企业技术引进经费与 R&D 经费的比值
	企业消化吸收经费与技术引进经费的比值
创新投入能力	企业 R&D 经费支出
	企业 R&D 人员占就业人员比重
	企业就业人员中博士毕业生所占比重
创新产出能力	企业专利申请数量与授权量
	企业净利润及主营业务收入
	企业技术合同成交额
创新管理能力	企业创新文化氛围
	企业人员激励机制
	企业管理团队素质
创新领军能力	企业资产规模
	企业所处行业地位
	现有技术优势
	企业现有人员

1. 创新组织能力

创新组织能力用于衡量龙头企业是否能完善组织创新规划与流程，其中组织能力具体采用企业 R&D 经费外部支出中高校和研究机构所占比重、企业技术引进经费与 R&D 经费的比值和企业消化吸收经费与技术引进经费的比值来衡量。上述三项比重（比值）越高，代表企业在能够以优秀的组织能力来规划安排 R&D 所需的经费，也越符合龙头企业的身份。

2. 创新投入能力

创新投入是引领龙头企业高质量发展的第一动力，实现创新联合体的初衷必须坚持大力的研发投入，衡量研发投入的指标选择为企业 R&D 经费支出、企业 R&D 人员占就业人员比重以及企业就业人员中博士毕业生所占比重。研发投入可以分为经费投入与人员投入，其中人员投入细分为 R&D 人员所占比重与拥有博士学位的人才所占比重。

3. 创新产出能力

构建创新联合体的重要意义之一是拥有更多的创新产出，实际产出可以采用企业专利申请数量与授权量、企业净利润、主营业务收入与企业技术合同成交额来衡量。科技专利与随之而来的收益是创新投入所带来的最直接的产出，它是评价企业创新产出能力的关键。

4. 创新管理能力

创新管理能力体现在企业管理水平如何正向影响创新效率，且可以通过管理能力来预测企业的创新是否具有持续性。综合考虑企业创新文化氛围、企业人员激励机制和企业管理团队素质三项，全面动态考察管理能力。

5. 创新领军能力

要推动企业成为技术创新决策、研发投入、科研组织和成果转化的主体，培育一批核心技术能力突出、集成创新能力强的创新型领军企业（陆园园，2020）。创新型领军企业是科技创新的中流砥柱，是推动高质量发展的重要载体，能够将人才、资本、技术等创新要素加以集聚整合，充分发挥着示范效应和倍增效应，起到了服务器、孵化器和推进器的作用。结合创新联合体特点，本书选出企业资产规模、企业所处行业地位、现有技术优势和企业现有人员等指标来衡量创新联合体创新领军能力。

根据建设理念，结合我国制定与创新联合体的相关政策，选取出较好领军企业，构建出基于创新联合体建设之后绩效评估体系，从创新活动、创新绩效、服务产业、运行管理和利益保障五个方面的一级指标以及 28 个二级指标来综合评估，最终挖掘得出指标结果如表 4-5 所示。

表 4-5　创新联合体绩效评估指标体系

一级指标	二级指标
创新活动	联合体形成产业技术创新链报告数量
	技术创新项目数量以及经费情况
	成员单位围绕产业技术创新链实现产学研数量
	成员单位科研仪器、设备等科技资源共享数量
	联合体相关核心科研骨干企业和高水平创新团队数量
创新绩效	组织合作创新项目取得核心技术成果数量
	联合体相关的发明专利数量
	联合体相关的国内外核心期刊发表论文数量
	联合体核心技术布局（芯片、光刻机）分布数量
	联合体核心产业布局（工业母机、高端芯片等）分布数量
	联合体核心区域布局（京津冀协同创新共同体、长三角科技创新共同体等）数量
	战略科技类创新联合体形成数量
	产业发展类创新联合体形成数量
	应急攻关类创新联合体形成数量
	未来科技类创新联合体形成数量
服务产业	联合体成员单位参与制定产业技术规划次数
	联合体提供行业服务如提供展览、学术会议等专业化服务次数
	联合体成员间交流培养人才数量
	联合体创新能力和引领服务产业作用得到行业公认程度次数
	联合体形成区域特色产业集群数量
运行管理	联合体运行管理相关成员数量
	联合体成员保持稳定及发展新成员数量
	联合体召开年会或日常工作会议数量
	联合体建设网站好评数量

表4-5(续)

一级指标	二级指标
利益保障	联合体反映和解决成员单位诉求数量
	联合体实现共享知识产权数量
	成员单位参与联合体活动获得实际利益
	联合体完成应急保障任务数量

结合创新联合体建设之前企业选择指标体系和创新联合体建设之后绩效评价指标进行综合考察，选择及判断出符合条件的联合体企业和创新联合体建设之后较好的地区企业进行进一步分析和研究。本书认为目前主题模型分析得出的主要评价维度和评价内容适用于大多数企业和地区创新联合体，但在具体开展选择和评价工作时，评价的维度和内容都需要根据实际情况进一步考查。

三、评价方法

(一) 熵权法

"熵"最早由鲁道夫·克劳修斯提出，之后克劳迪·香农将熵引入信息论，解决了信息的度量问题，将不确定性具体量化，实现定量分析。熵权法是将多个指标进行量化综合进行决策的方法，根据信息熵的定义，对于某项指标，可以用熵值来判断某个指标的离散程度，其信息熵值越小，指标的离散程度越大，该指标对综合评价的影响（即权重）就越大，如果某项指标的值全部相等，则该指标在综合评价中不起作用。因此，利用信息熵这个工具，可计算出各个指标的权重，为多指标综合评价提供依据。

熵权法具有客观性、适应性的特点，但传统的熵权决策模型也存在一个问题，即当所有权值都趋近于1时，微小的差距也会影响权重数值进行成倍变化。这会导致一些指标被赋予与其本身重要性并不相符的权重，进而会影响对最终决策结果的判断。为了避免单一赋权方法可能对结果产生的偏差，本书使用组合模型进行评价，利用组合的优势，实现对指标的更加合理的评价。

（二）层次分析法

层次分析法起源于美国，主要用于解决复杂的层次结构问题。层次分析法是指将一个复杂的多目标决策问题作为一个系统，将目标分解为多个目标或准则，进而分解为多指标的若干层次，通过定性指标模糊量化方法算出层次单排序（权数）和总排序，以作为目标（多指标）、多方案优化决策的系统方法。

层次分析法先是将决策问题按总目标、各层子目标、评价准则直至具体的方案的顺序分解为不同的层次结构，然后用求解判断矩阵特征向量的办法，求得每一层次的各元素对上一层次某元素的优先权重，最后再加权和的方法递阶归并各备择方案对总目标的最终权重，此最终权重最大者即为最优方案。层次分析法是一种主观赋权法，此方法确定的指标权重难免缺乏客观的科学依据，无法克服主观因素的影响。

（三）组合评价方法概述

组合评价一般分为评价过程的组合、评价结果的组合和评价方法的组合。评价过程组合是指评价过程中某一环节结果的组合，分为赋权组合、无量纲化组合和算子组合。在组合赋权评价中，有的方法是将主观和客观赋权法进行分类再重组，有的是直接将多个方法进行综合，不区分主客观赋权。计算简单并且兼顾主客观因素是赋权组合的优点，但使用该方法也具有一定局限性，即当指标个数发生变化时，其结果易缺乏稳定性。评价结果组合是对同一个评价对象采用不同的单一评价方法，再将这些评价结果进行组合，主要分为评价值组合和排序值组合，目前对于评价结果组合的研究更侧重于各组合模型的介绍及应用。评价方法组合是从系统的角度对原有评价方法的创新整合，这一组合评价方法比前两种方法更具优势，目前有较成熟的理论支撑。

（四）层次分析法-熵权法组合赋权模型

层次分析法是定性与定量相结合的系统分析方法。计算过程主要有：建立递阶层次结构、构造判断矩阵、计算层次单排序和一致性检验、计算层次总排序及其组合一致性检验几个步骤。该方法操作便捷、实用性强，被大量运用到各行业领域的决策分析中。主观评价方法遵循专家主观经验下的判断，其受限于个人喜好及经验，容易忽略客观因素的影响。客观评价方法以数学规律为支撑，科学性较强，但往往太过于注重理论而忽视决策主体的主观意愿。为了使评价结果更加真实可信，有必要考虑主客观因素的影响，将主客观因素结合起来进行评价分析。熵权-层次分析法，也称熵技术支持下的层次分析法，是现有综合赋权法的一种，其目的是将熵权法和层次分析法的优点相结合，以求得更为合理的指标权重。熵权法的优点在于充分利用了数据所传递出的信息熵，并以此来判断指标的相对重要程度，可以降低基于专家自身认识局限所造成的偏误。层次分析法的优点则在于很好地利用了专家对于评价对象发展现状的认识，避免了诸多干扰因素对指标数据信息熵的扭曲，使得评价结果的导向性更符合实际。当前，国内学者应用熵权-层次分析法的思路是：首先按照完整的层次分析法步骤计算出各项指标权重，然后利用熵权法计算的指标权重对层次分析法所得的指标权重进行修正。

层次分析法-熵权法组合赋权模型是通过计算某评价指标在层次分析法下的权重结果为 ω_1，通过熵权法得到的权重为 ω_2，确定 ω_1 与 ω_2 各自的权重系数分别为 λ_1 和 λ_2，此处 $\lambda_1 + \lambda_2 = 1$，则综合权重 $\omega = \lambda_1 \omega_1 + \lambda_2 \omega_2$。综合权重融合了主客观内容，得到的结果更加科学。如张萱在确立柔性装配型制造企业供应商评价指标体系过程中，运用层次分析法和熵权法的组合赋权，有效地规避了主观因素影响，增加了评价过程的客观性。

创新联合体建设评价指标体系具有多层次、多维度特征，且各指标性质、单位均有一定差异，不能通过简单加总进行评价。当前，测算综合评价体系指数的主流方法主要包含主观赋值法与客观赋值法。主观赋值法由研究者依据一定条件为各指标的权重进行赋值，具有较强的主观性，容易受到研究者的认知、偏好等因素的影响，评价结果的客观性不足；传统熵权法较为客观，但容易出现统计方面的偏差。鉴于此，本书采用层次分析法-熵权法组合赋权模型进行测度分析，较为客观地表现出指标数据的差异大小。

在运用综合评价指标体系进行评价分析时，一项关键的内容就是确定指标权重。主观赋权法基于评价者的知识和经验，可解释性、系统性较强，但存在主观随意性较大的不足。客观赋权法由数据驱动，其基本思路大致为：变异程度越大的指标包含的信息量越大，因而该指标更重要。客观赋权法能够避免主观随意性，但有时结果可能与实际情况不符，甚至相悖。将两者相结合的组合赋权法，能够使得评价结果更加科学、有效。本书基于层次分析法–熵权法确定各指标权重，进而对指标进行评价。层次分析法和熵权法相结合的赋权方式在已有研究中得到很好地运用。

层次分析法是一种系统化、层次化的分析方法，核心思想在于通过两两比较构建判断矩阵。具体步骤如下。

步骤 1：通过两两比较构建判断矩阵 X。判断矩阵 $X = (x_{ij})_{n \times n}$ 的元素 x_{ij} 为 i 行指标对 j 列指标的重要性赋值，由相关领域专家根据重要性标度表来确定；n 为评价指标的个数。

步骤 2：计算指标权重。将判断矩阵 X 的各行向量进行几何平均（公式 4-1），然后做归一化处理（公式 4-2），得到的行向量即为权重向量。

$$m_i = \sqrt[n]{x_{i1} x_{i2} x_{i3} \ldots x_{in}} \tag{4-1}$$

式中，x_{in} 为判断矩阵 X 第 i 行第 n 列的元素；m_i 为判断矩阵行向量元素的几何平均值；n 为评价指标的个数。

$$w_i = \frac{m_i}{\sum_{i=1}^{n} m_i} \tag{4-2}$$

式中，w_i 为第 i 个评价指标的权重；m_i 为判断矩阵行向量元素的几何平均值；n 为评价指标的个数。

步骤 3：进行一致性检验。计算判断矩阵的最大特征根（公式 4-3），然后对判断矩阵进行一致性检验（公式 4-4 和公式 4-5）。

$$\lambda_{\max} = \frac{1}{n} \sum_{i=1}^{n} \frac{(Xw)_i}{w_i} \tag{4-3}$$

式中，λ_{max} 为判断矩阵的最大特征根；w 为权重向量；W_i 为第 i 个评价指标的权重；n 为评价指标的个数。

$$CI = \frac{\lambda_{\max} - n}{n - 1} \tag{4-4}$$

式中，CI 为一致性指标；λ_{max} 为判断矩阵的最大特征根；n 为评价指标的个数。

$$CR = \frac{CI}{RI} \qquad (4-5)$$

式中，CR 为随机一致性比率；CI 为一致性指标；RI 为矩阵的平均随机一致性指标。

当 CR 值小于 0.10 时，认为一致性较好；当 CR 值不满足要求时，意味着评价者需要重新做出判断，调整矩阵，直到满足一致性要求。

熵权法是一种客观赋权方法，它基于各指标包含的信息量来确定权重，结果客观。该方法的核心概念为信息熵，用来反映指标的变异程度。设有 m 个评价对象，n 个评价指标。熵权法的主要步骤如下。

步骤 1：采用极差法对各评价指标 X_{ij} 进行标准化。

当 X_{ij} 为正向指标时

$$Y_{ij} = \frac{X_{ij} - \min(X_{ij})}{\max(X_{ij}) - \min(X_{ij})} \qquad (4-6)$$

当 X_{ij} 为负向指标时

$$Y_{ij} = \frac{\max(X_{ij}) - X_{ij}}{\max(X_{ij}) - \min(X_{ij})} \qquad (4-7)$$

式中，X_{ij} 为第 i 个评价对象第 j 个评价指标的数值；Y_{ij} 为标准化后的指标值；$\max(X_{ij})$ 和 $\min(X_{ij})$ 分别表示 X_{ij} 的最大值和最小值。

步骤 2：计算指标比重。

$$P_{ij} = Y_{ij}\Big/\sum_{i=1}^{n} Y_{ij}, \ i = 1,2,\cdots,n; j = 1,2,\cdots,m \qquad (4-8)$$

式中，P_{ij} 为第 i 个评价对象第 j 个指标的指标值比重；Y_{ij} 为标准化后的指标值。

步骤 3：计算指标的信息熵。

$$E_j = - [\ln(n)]^{-1} \times \sum_{i=1}^{n} [P_{ij} \times \ln(P_{ij})] \qquad (4-9)$$

其中，E_j 为信息熵；n 为评价指标的个数；P_{ij} 为第 i 个评价对象第 j 个指标的指标值比重。若 $P_{ij} = 0$，则定义 $\lim\limits_{P_{ij} \to 0} P_{ij} \times \ln(P_{ij}) = 0$

步骤 4：基于熵值计算指标的权重。

$$W_j = (1 - E_j) / \sum_{j=1}^{m} (1 - E_j) \qquad (4\text{-}10)$$

其中，W_j 为指标 j 的权重；E_j 为信息熵；m 为评价对象的个数。

运用层次分析法得到主观权重，运用熵权法得到客观权重，基于线性加权合成法进行组合赋权，按照（公式 4-11）进行计算。

$$W_i = \alpha w_{AHP}^i + (1 - \alpha) w_{IEW}^i \qquad (4\text{-}11)$$

其中，W_i 为组合赋权权重；w_{AHP}^i 为通过层次分析法获得的主观权重；w_{IEW}^i 为通过熵权法获得的客观权重；α 为主观权重的系数，$0 \leq \alpha \leq 1$，具体取值由研究者主观确定。如戴桂林等在评价海洋药物生物资源可持续利用潜力时，将 α 设定为 0.5；李娟等在研究发明专利价值评估问题时，将 α 设定为 0.6。

创新联合体建设评价指数是在确定各个评价指标权重之后，通过线性加权得出的（公式 4-12）

$$Q = \sum_{i=1}^{n} w_i Y_i \qquad (4\text{-}12)$$

式中，Q 是创新联合体建设评价指数；w_i 为组合赋权权重；Y_i 为标准化后的指标值；n 为评价指标的个数。

第五节　本章小结

本章指出建设创新联合体的核心理念是要应用新型举国体制、聚焦关键核心技术、实施有组织科研、打造战略科技力量。随后从建设定位、建设原则、建设目标、建设布局四个方面阐述创新联合体建设的指导思想，并将创新联合体的建设类别分为战略科技类（计划科研模式）、产业发展类（市场科研模式）、应急攻关类（目标科研模式）、未来科技类（组织科研模式）四类。根据这四种建设类别，本章构建了创新联合体建设运行的四种组织架构，从需求生成、协同创新、成果转化、激励约束、利益分配、考核评价六个方面设计了创新联合体建设运行制度。本章以创新主体层面为核心，通过指标选取思路分析和区域性、动态性、可量化、层次性和科学性五大指标选取原则，建立了聚焦创新组织能力、创新投入能力、创新产出能力、创新管理能力、创新领军能力五个方面的创新联合体建设评价指标选择体系和结合熵权法、层次分析法、组合评价法、层次分析法–熵权法组合赋权模型四种方法的创新联合体建设指标评价方法。

第五章　制度设计原则及政策制度

第一节　创新联合体建设政策制度设计原则

一、加强党对新时代科技创新工作的全面领导

（一）优化组织管理体系

进一步加强党对科技工作的领导，不断优化在创新联合体建设过程中的组织管理体系，全面发挥党领导下的政治优势，提高创新联合体建设的政治站位，自上而下各级党组织聚焦战略科技类、产业发展类、应急攻关类及未来科技类创新联合体的建设（邢怀滨，2021）。在实际建设过程中既要同党中央保持高度一致，充分发挥政府作为重大创新组织者的作用，又要进一步结合现实情况，联合产业链上下游产学研用等厘顺多元主体利益关系使各类创新要素深度聚集，以高质量促进创新联合体建设为主要目标，完善组织机构、精简审批流程、尊重科研管理规律等方式，把完成科技创新重大任务、激发创新主体积极性和创造性、推动创新联合体建设，作为一项基础性、日常性工作来抓。把党的领导落实到科技工作方方面面，促进科技成果产业化、规模化应用，提升重点产业链供应链韧性，打造创新联合体建设的战略竞争优势，为高质量发展提供强有力的科技支撑。

（二）健全工作运行体系

清晰界定创新联合体内涵及在国家创新体系中的功能定位，明确创新联合体以解决制约产业发展的关键核心技术问题为目标，以共同利益为纽

带联结政产学研用和产业链上下游多主体参与，政府力量和市场力量协同发力的体系化、任务型的研发组织，进一步注重和加强政治引领，强化创新联合体建设基础战略导向，确保整体科技创新事业在正确发展轨道上前进。健全完善党组织领导下的创新联合体工作机制，动员和组织区域内高校、科研院所、企事业单位等积极参与创新联合体建设，推进区域科创事业整体发展，把促进创新联合体建设落实到实际行动上来。同时，坚定不移按照政府科技管理部门和深化党和国家机构改革方案要求，将创新联合体作为深化科技体制机制改革的试验田，在成果转化、人员激励、科研评价等方面开展政策先行先试，推行经费包干制、信用承诺制等科研项目组织管理方式加强宏观管理和统筹协调，强化部门与地方创新联合体建设工作的顺畅对接、上下贯通，推进创新联合体建设和国家层面以及地方层面的工作有机融合，切实提升区域创新联合体建设的能力和体系化的协同。

（三）强化政策制度体系

明确国家层面创新联合体组建条件、实施方式和政策支持措施，结合区域科技创新特色和企业自身需求，在充分调研的基础上制定符合区域创新联合体建设的政策支撑和政策体系建设，坚持做到精准、分类施策，对符合国家战略需求方向且取得重大攻关成果的，可通过税收、后补助或以奖代补的形式予以支持。支持地方和行业探索建立适合自身特点的创新联合体运行机制，抓好相关政策措施的执行实施和组织保障，推动创新联合体建设的各项工作落到实处。着力解决在构建创新联合体方面存在的突出问题，对阻碍推动创新联合体建设的事项以列清单、定责任人、定时间节点的方式明确责任主体单位，推动从快从优解决相关问题。同时，加强对干部的教育和培训工作，提升从事科创工作人员的科技创新意识和能力，营造有利于推动创新联合体建设的人才聚集和创新发展的良好环境，把党的领导落实到创新联合体建设工作的各环节、各方面。

二、深入推进"4+1"国家战略科技力量协同

（一）体系化协同

创新联合体建设要吸收和继承综合型、专业型、集群型、市场型四种

战略科技力量的优势，通过建立一整套完整的创新联合体信息交流和管理机制，将科技创新的过程标准化和流程化，以技术创新、成果创新、体系创新为出发点，形成跨学科、跨行业、跨主体、跨区域的创新联合体，推进建设成果的共享与转化（贾宝余等，2022）。探索创新联合体体系化新机制，深度对标综合性国家科学中心或区域科技创新中心建设的模式，以体系化的协同合作，共同解决在创新联合体建设和发展过程中面临的挑战和共性化问题等。同时，结合区域科技创新现状，整合以高校院所为代表的科技创新资源，强化学科交叉作用，以科技自立自强为目标导向，围绕重大科学问题和关键核心技术，另辟蹊径、打破常规，开展变革性技术研究，构建起更加符合国家创新驱动发展需求的"高水平、体系化"平台体系，保障科技创新的战略性、持续性，规避各类要素聚集不充分、市场失灵等对科技创新的风险和打击，推动形成具有中国特色的科技战略支点和创新高地。

（二）集群化发展

创新联合体本身就是一个集合多方建设单位创新资源的一种新的科技创新发展模式，因此，推动其在建设和发展上进一步突出集群化效应，坚持"一盘棋"和宁缺毋滥原则，避免"大干快上"式重复建设，以集群化协同方式推进，建设能够支撑高能级创新联合体运行的各类科技创新中心、综合性研究平台和区域科技创新中心，运用好基于大数据为基础的科技创新驱动作用，形成解决重大科学技术问题的系统方案。因地制宜，合理有序地布局区域分工体系与现代化产业体系，"硬件"和"软件"融合推进，多维度强化区域创新生态，引导各类创新主体在大科学装置、产学研协同联合攻关、技术融合等方面的共享，推动跨区域、跨领域创新联合体围绕国家重大需求快速对接和高效整合式创新，最大限度发挥其在资源的共享、知识和技术的集成、生产效率和品质的提高、创新生态的活跃等方面的优势作用。同时，进一步强化创新联合体在原始性方面的创新，促进其在技术、人才、项目、资源等方面的集成，使创新联合体成为区域科技创新的"主力军"。

（三）系统化汇聚

要进一步发挥创新联合体在跨领域、多主体方面的作用，聚焦其在战略性新兴产业和未来产业等重点领域方面的创新发展，强化重大科技攻关需要的使命场景驱动型大兵团作战能力，保障创新联合体在科技创新上持续发力，引导创新联合体围绕国家战略需求和产业共性需求开展跨组织整合式创新，以资源要素系统化汇聚的思维方式推进其建设和发展，推进其以突破关键核心技术、"卡脖子"技术等任务为导向，在创新联合体内部建立任务清单制或分级清单制，实施更精准、力度更大的科技攻关计划。同时，注重市场把控作用，对标市场需求和关键领域需要，支持由战略科技力量构成的任务导向型、临时性的高能级创新联合体，有效响应产业链供应链和新型国家安全等战略使命和任务，有针对性开展科技攻关项目，形成"创新链+产业链"双链集成的创新生态，强化创新联合体的整体性作用。

三、全力支持科技领军企业发挥牵头主导作用

（一）央企引导

进一步健全与央属企业在共同推进创新联合体建设方面的沟通协调机制和资源共享机制，充分发挥央属企业作为"科技创新顶梁柱""压舱石"的优势作用，利用央企在重大项目、重大应用场景、原创技术创新、资源高度集聚、创新链产业链深度融合等方面的溢出效应，推动创新联合体主动融入央企建设的整体布局，在关键核心技术和领域，坚定央企在科技创新方面的引领和示范作用，深度对标央企建设步伐，大力挖掘其各类创新资源要素，主动作为、勇于担当、明确导向，持续推进创新联合体在"创新链、产业链、资金链和人才链"下的"四链"深度融合。

（二）地方国企协同

地方国企作为地方科技创新的主力军和策源地，是地方科技创新政策、人才、资金、技术等资源的"集大成者"，在地方产学研资源调配方面具有明显的优势，对地方科技创新发展的支撑作用显著。为此，在推进创新联合体建设的过程中，地方政府要作为主要参与者，统筹规划、集中

调配地方国企的各类资源要素流入创新联合体中，赋予地方性国企更大的自主权，鼓励牵头企业对创新联合体所承担的国家重大科技任务拥有技术路线制定权、攻关任务分解权、参与单位决定权、经费使用自主权和攻关成效考核权。同时，推进地方高校、科研院所在参与建设的过程中实现大型科研装置、重点科研课题、高精尖的顶尖人才等资源共享化和科研管理独立化，形成"政府+地方国企+高校院所"三位一体共同促进创新联合体建设的创新模式。

（三）大型民企参与

新时代下大型民企作为国家战略科技的储备力量，其具有远高于央企、国企等的市场敏锐性，对新技术需求感知强烈，体制机制最灵活，在资本和科研人员绩效方面操作性强等优势明显。要建立"大型民企+其他创新联合体联合攻关"的产学研创新联合体新模式，发挥大型民企在自主创新方面的主观能动性，聚焦基于创新联合体下的产业链创新链融合，提升产业链关键核心技术。支持大型民企在创新联合体建设中心参与重大科技任务需求凝练和方案制定，缩短科技成果转化链条，将问题的提出交给市场，遴选一批适于大型民企承担的科技项目，以"揭榜挂帅"或"赛马制"等方式，由符合条件的创新联合体和大型民企共同承担，支持运行绩效好且具有持续合作意向的创新联合体和大型民企创建国家科技创新基地。同时，以共建市场型的新型研发机构或成果转化综合服务平台的方式，提升技术转化效能，推动创新联合体发挥在产业升级、技术迭代方面的作用。

四、注重选题科学论证、场景应用和研发绩效

（一）选题科学和创新并举

实际推进创新联合体建设的过程中，要瞄准国家重大战略需求和国计民生重大需求场景，深入了解国家重大科技专项、前沿科技领域和社会需求，深度挖掘待解决的重大专项和国家战略科技力量缺页部分的实际问题，关注具有挑战性和前瞻性的创新研究课题，运用科学方法和创新思维，采用新技术、新手段，寻找新的研究思路和方法，有效破解当前我国重大科技创新系统设计不足、开放程度不高、创新生态不完善等问题。同时，坚持思维跨界和交叉创新，借鉴其他学科和领域的理论和方法，加强不同学科和不同领域间的交流与合作，强化与产业界、科创界及政府界等单位间的创新合作，强化以基础大数据和大数据应用为支撑的科学选题和实际研究，切实做到选题科学和创新并举，持续推动经济社会的高速发展和技术的产业化革命。

（二）应用与实际结合

广泛关注市场需求和社会亟待解决的问题，聚焦关键核心技术开展应用研究，通过构建以创新联合体为基础的创新实验室或技术研发中心用以提供测试的平台，支持创新联合体打造重大科技创新工程化和产业化场景，提升成果转化速度与成效，为创新联合体下的成果落地提供载体。政府牵头、企业主导、多主体参与联合打造类脑智能、量子信息、下一代网络、深海空天开发、氢能储能等未来产业场景驱动的高能级创新联合体，培育高质量发展新动能，赢得发展主动权。在产学研合作的机制上构建技术转移转化机制，加强对科研成果的引进，以专利申请、技术转移等方式实现科技成果的推广和转移。同时，强化在共性问题和通用领域上的技术成果市场营销和宣传，推广创新产品或服务，提升社会对创新产品或服务的认知度和接受度，使创新联合体与社会经济发展深度融合。

（三）绩效与评估同步

进一步优化现有的科技创新目标和绩效评价体系，建立起一整套多维度、可操作的评估体系和机制，包括在评估标准、评估方法、质量、数量、转化率、效益、时间等方面进行多角度分析，并在此基础上完善评估委员会或专家咨询组织（周欣，许柏松，2020）。对科技成果实施实时监测和测量，同步进行绩效的评估和分析，做到在研究中不断调整创新方向，提高成果的质量和效益，降低成果的技术风险，及时发现问题并解决问题，真正做到绩效与评估挂钩无缝衔接。同时，明确不同绩效业绩下的相关奖惩规范，提高科研质量并提高工作人员的积极性和主动性，通过对绩效考核过程中发现的短板及时进行评价，找准问题存在的根源，并制订相应的改进计划，确保不出现同样的问题，真正做到绩效与评估同步，为创新联合体建设注入强大的动力。

五、强化科技创新人才核心引领功能

（一）激发人才"原动力"

遵循科技创新人才成长规律，进一步培育和壮大整个战略科学家群体，按照科研规律激发更多的战略科学家科技创新的原动力。持续深化科技体制、评价体系及资源配置等多个方面改革，深入营造有利于战略科学家和科技人才快速、自由成长的环境。对战略科学家和科技人才的培养、评价不要过多在意功利性，而是多一些包容性、主动性、长远性。同时，注重广纳全球高层次战略科学家，围绕国家科技创新发展战略目标，支持和鼓励重点引进一批能够突破关键核心技术、发展高技术产业、带动新兴学科的战略科学家和科技领军人才来国家实验室、国家科研机构、高水平研究型大学、科技领军企业以及科技学术组织任职，把更多国际战略科学家吸引和凝聚进来，达到广聚天下英才而用之的作用。

（二）构建人才识别机制

积极发现像钱学森、朱光亚等战略科学家的队伍，探索实施重大科技攻关项目"揭榜挂帅"等更开放的选人、用人制度，瞄准基础研究、关键共性技术、颠覆性技术和"卡脖子"技术等并设定清单目标，建立健全符合这些项目特点和规律的人才与项目评价制度，打破国籍、身份、学历、年龄等限制，形成唯才是举的用人机制，让更多的战略科学家和科技创新人才脱颖而出。构建人才遴选流动机制，建立健全重点科研人员数据库，围绕国家安全、产业链安全和民生保障，锁定关键核心技术和"卡脖子"领域，梳理重点科研人员名单，对于参与延续性技术和颠覆性技术攻关的人员，要参照相关政策和贡献度给予肯定性的物质支持与精神支持。

（三）创新人才培养与引进体系

明确战略科学家和科技创新人才培养战略导向、国际导向、未来产业导向以及创新协同导向，以整合式创新思维为引领，以科研与教育资源的供给、协同、调整与重组为核心，探索构建科技人才的培养体系。强化国际科技交流与合作，通过健全高端人才引进战略来实现科技人才的全球获

取，不仅要关注科研环境、设施设备、评价激励等"硬"条件的建设，更应重视打造开放包容、平等沟通的科研"软"环境，积极探索和落实科研成果跨学科、跨领域的互认机制，切实营造促进交叉研究的友好环境。

六、注重优化组织机制和治理模式

（一）创新建设机制

聚焦构建"科技创新+市场需求+主体协同"的创新建设机制，发挥以科技创新为基础，市场需求为导向，政府、高校、科研院所、企业等各方主体协同合作的作用。铆准市场主导方向，探索并不断优化多主体协同创新建设模式，推动创新联合体研发和推广符合市场的技术和产品，促使产业链上下游强大的组织能力和带动作用充分发挥。在实际的建设和发展过程中，立足基础研究和应用研究、紧密结合国家重大科技部署、市场需求等，在产业关键共性技术方面持续发力。同时，重视资金保障对创新联合体建设的作用，在资金多元化方面发力，解决资金投入和分担问题，打通研发过程中的条块壁垒、信息沟通、创新成果的合理分享等方面问题，形成创新主体之间的有效沟通，以及创新要素在创新链上跨部门、跨领域流动。

（二）聚焦案例决策

创新联合体建设要做到摆脱"单打独斗"的建设模式，以体系化的"大兵团作战"保障科技创新持续发力，面向半导体、航空航天、生物医药等重点领域，征集创新联合体技术攻关典型案例，总结组织和治理经验，特别是在决策和运行机制、资金筹措机制、知识产权管理机制和协同攻关机制等方面的典型做法，供行业内学习借鉴，根据不同领域创新联合体建设的优秀案例构建最优的组织框架和运行特性，保证科研产出的质量与效率。同时，强化创新联合体建设的数字化、平台化思维，构建全流程的数字化管理决策机制和关键核心技术攻关的"数字孪生"平台，支撑在实际建设过程中实施方案的论证决策，提升决策的质量和效率。

（三）强化运行监督

监督是保证创新联合体建设和发展的重要环节，直接关系到创新联合体的运行效率和质量，在监督财政资金使用的合规性以及是否偏离创新联合体章程确定的运行机制等方面，明确各不同主体的责任和义务，制定目标导向的简易审查程序，确保各方主体推动创新联合体良性发展。同时，集中解决在建设中人才缺乏、对接针对性不够、贡献度低、边缘化倾向等问题，激发各类主体创新激情和活力，形成自主创新的强大合力，形成功能互补、深度融合、良性互动、完备高效的协同创新运行监督体系。要充分发挥政府的服务作用，建立以政府为主导的协同机制，政府负责制定方向、结构布局，协调并管理各方合作关系、监督整个过程、评估阶段性成果等，并在各个环节不断提供必要的政策支持和信息服务。

第二节　推动创新联合体建设的政策制度

推动创新联合体建设，要围绕计划科研模式、市场科研模式、目标科研模式、组织科研模式四大创新科研模式，从国家到省市、自上而下地，建立一套成体系、成系统的政策制度。构建以政府为主导，以企业为主体，国家布局、省市协同、主体参与的创新联合体发展模式。

一、国家层面

（一）强化顶层设计

加快制定国家层面关于创新联合体建设的工作指引，进一步系统性、全面性地制定创新联合体发展的中长期规划、五年规划等方向性、要求性、指引性文件，为地方组建创新联合体提供工作指南。进一步明确创新联合体建设的总体规划、发展方向、建设目标以及功能定位等内容。

制定专项规划。根据国家重大战略科技力量任务方向、重大战略科技需求导向及基础产业发展等紧迫需求，结合各区域产业优势和技术基础，制定创新联合体建设专项规划，明确创新联合体在推进产业技术创新和发展方面的目标任务，明确高校、科研院所、重点企业等创新主体在创新联合体不同环节的功能定位，充分发挥各创新主体在参与创新联合体建设过程中的作用。

优化政策环境。聚焦国家重大产业部署，围绕创新联合体组建、运行、转建和退出全过程制定国家层面配套支持政策，推动构建国家层面的高能级创新联合体。鼓励地方政府和企业结合自身需求，探索建立适合自身特点的创新联合体运行机制，促进构建地方型创新联合体平台体系；改革科技评价机制，大幅提高科技成果转移转化成效，扩大科研自主权，提高科研活动服务经济主战场的积极性、主动性、创造性；建立专项平台金融支持体系，鼓励科研院所、高校人才、技术等资源融入创新联合体（唐军，2022）。

搭建创新体系。打造"国家布局、政府引导、市场主导"的运营模式，坚持效率为先，突出企业主导，促进技术、人才、资金等创新要素向创新联合体集聚。坚持市场方向，强化政府服务的原则，鼓励政产学研用和产业链上下游多主体参与，搭建政府力量和市场力量协同发力的发展体系。坚持人才引领，大力弘扬企业家精神，强化战略科学家和战略企业家双核引领的创新体系。

（二）推进部委会商

强化各部委的协作交流，形成齐抓共管、多方协同、相互配合的多部委协作管理机制，坚持系统观念、坚持协同联动、坚持问题导向，打造央地协同、政企结合、研产融合、开放合作的创新联合体治理模式。

落实部委管理责任。以国务院办公厅牵头，联合各部委参与制定推动创新联合体建设顶层设计发展方案。明确创新联合体建设的主管部委和协作部委的责任，各部委要主动履职、密切配合，按照领域归类、业务相近的原则，及时对创新联合体研判定性（王嘉旖，2023），防止出现主管部门不明确、边界模糊、责任争议、管理空白等问题。

建立协作对接机制。加强各部委间的协作交流，强化政策的协同性、有效性和可操作性，既要防止出现管理漏洞，又要避免政策叠加造成不利影响。加强跨部委综合管理服务能力建设，明确牵头单位、配合单位、管理标准等，完善配套服务管理措施，对现行标准不一致、相互不衔接的制度规则，要抓紧修订完善。

加强部委与地方的联动。各部委制定相关政策要充分听取各省市的意见建议，加强对地方创新联合体的指导，督促相关地区弥补管理短板。积极鼓励各部委和地方会商签约，加强与地方之间的信息共享和协作，支持和配合有关部门开展跨区域、跨层级的工作。针对跨部门、跨区域管理缺位、责任争议等问题，建立健全源头追溯、信息共享、统筹协调等机制。

（三）加大政策支持

明确国家层面创新联合体政策支持措施，做好规划和引导，制定相关政策指导全国各地有序开展建设，从国家项目、专项政策、税收、金融支持等方面强化政策保障。

加大政策供给。在金融发展、人才引进、体系建设等方面给予一定专项政策支持。探索成果转化奖励和收益分配办法，引导社会资本参与创新联合体建设，加快发展天使投资等风险投资机构；加强信息服务，及时发布国家、地区、行业需求，畅通供需对接渠道。支持参与创新联合体建设的各类创新主体在决策、组织、投入、转化等方面享有一定比例的决策权和自主权。围绕国家战略科技和重大科技专项发展方向，打造跨领域、多主体、全产业链集成的创新生态。

设立专项资金。加大科技金融支持，设立创新联合体建设专项基金，支持基础性、关键性研发。构建税收优惠政策体系，开发新的税收优惠政策，支持和激励创新联合体建设主体加大创新投入。探索构建创新联合体多方资金融入机制，对基础研究投入多的创新联合体给予优惠，更大力度支持企业创新成果的首购首用。牵头单位为投入主体，会同参与各方商定投入比例，探索形成多元化资金筹措机制，同时，建立起合理的项目立项与退出、任务总包与分解、成果转化与收益等机制，充分调动参与各方加大资源投入的积极性。

科学分类施策。针对央地、政企和行业不同特点，允许地方和行业探索建立适合自身特点的创新联合体运行模式和组织运行机制。打造省域创新品牌，鼓励各行业、各区域、各类型机构建设高质量、高能级的创新联合体。实行牵头单位负责制，明确参与各方的权利和义务，规避各类风险的出现，形成有效的行为约束和利益保护机制，吸引更多社会力量积极参与创新联合体建设。

（四）健全法律保护

进一步深入研究和探索，健全法律法规，依法保护创新联合体的发展、保护创新人才的权益，为创新联合体的投资、经营、发展提供良好的法治环境。

完善法律治理体系，推动法律落地见效。系统开展创新联合体相关法律法规和配套制度建设，形成既有侧重又相互配合、系统协调的法律体系，保障新业态、新模式健康发展。注重总结地方立法实践的成功经验和做法，深入开展立法调研论证，增强法律法规的可操作性，妥善处理创新联合体活动中的各种利益关系，力求法律确立的制度和规范明确具体、切实可行。坚持系统观念，统筹相关法律法规的衔接配套，遵循科学规律，增强法律的可操作性，使创新联合体法律制度成为一个体系完整、内容完备的有机整体。

坚持统一领导，科学谋划布局。在国家层面印发创新联合体建设的专项实施办法和相关法律法规，规范创新联合体建设的制度机制，保证建设的质量和效率，做到既能突出方向性、时代性、统筹性和开放性，又能进一步提升相关法律法规的适用能力。充分考虑各地区实际情况，引导和鼓励地方先行先试，坚持需求导向、问题导向和目标导向，聚焦重大问题，从法律法规上抓关键、补短板、强弱项、填空白，统筹布局创新联合体建设的各项事宜。

优化法律服务，加强司法保护。夯实法律服务保障根基，改进工作措施、完善工作机制，在国家层面制定切实可行的法律法规保障，加强与各地方、各职能部门的对接协作，形成上下、内外深度合力的法律服务体系。健全法律保护机制，全面加强司法检察保护，从科技成果转化、利益分配等方面保护创新联合体成员的合法权益。

加强司法保护，加大执法力度。深入贯彻落实知识产权强国战略纲要，全面加强知识产权司法检察保护，明确知识产权保护红线，健全知识产权保护机制，严惩侵权行为。界定创新联合体收益的范围，约定创新联合体收益的归属、使用和分配原则，保护创新联合体成员的合法权益。加强法治宣传，增强创新联合体各参与主体的保护意识。

（五）央企先试先行

要重视和发挥中央（国有）企业组建创新联合体的引领带动作用，打造创新联合体高质量发展的样板，推动解决创新联合体运行发展中组织机制、治理模式等问题。

将中央企业作为深化创新联合体建设发展试验田。充分发挥市场在资源配置中的决定性作用，通过市场需求引导创新资源有效配置，形成推进创新联合体建设的强大合力。中央（国有）企业要发挥市场份额、集成创新、组织平台的优势，打通科技强、企业强、产业强、经济强的通道，整合集聚创新资源，形成跨领域、大协作、高强度的创新联合体，在成果转化、人员激励、科研评价等方面开展先试先行，为各地域创新联合体建设树立示范引领作用。

鼓励中央（国有）企业围绕国家战略需求开展联合攻关。支持中央（国有）企业面向国家需求和重点领域，牵头组建创新联合体，鼓励中央（国有）企业加大基础研究投入，促进科技研发和成果转化，加快市场化进程，实现规模化生产。同时，引导其聚焦前沿引领技术、颠覆性技术、未来产业技术等关键技术开展攻关，推动重点领域项目、基地、人才、资金一体化配置，打破国外"卡脖子"技术、关键核心技术封锁等，壮大国家战略科技力量。

二、省市层面

进一步完善以企业为主体、市场为导向、产学研深度融合的技术创新体系，集聚高校、科研机构和上下游企业等各方优势资源，加快组建体系化、任务型的创新联合体。

（一）强化制度供给

围绕创新联合体发展，制定专项管理办法，处理好政府、企业、高校、平台等各方在创新联合体组建工作中的角色定位，在制度保障、管理工作等方面做好保障（徐海龙、陈志，2022）。可以从以下几个方面强化制度供给。

构建完善的组织管理体系。实行个性化管理，围绕科研投入、创新产出、成果转化、原创价值、实际贡献、人才集聚和培养等方面，做出对联合体的客观评估。着力打造市场化、法治化、国际化营商环境，维护公平竞争的市场秩序，激发市场主体活力和社会创造力。

制定专项科技计划。根据创新联合体类型和实际需求给予财政科技经费和重点科研项目的稳定支持，赋予创新联合体经费使用自主权，在确定的重点方向、重点领域范围内，可以自主确定研究课题、自主安排科研经费使用。实行"揭榜挂帅""赛马"等制度，突出问题导向和目标需求，面向全社会公平公开竞争，实现创新价值最大化。

实化运行机制。推动创新联合体围绕国家使命建立价值共创、利益共享、风险共担的协同创新机制，建立共同目标、利益纽带的紧密合作关系。建立健全产学研协同攻关机制、收益分配激励机制、知识产权共享机制，完善创新联合体成员遴选和退出机制，引导产学研各方达成规范，充分激发各方协同创新活力。

引导内部建设。强化政府的指导作用，引导创新联合体根据不同产业领域，建立决策调度、协同攻关、收益分配、知识产权管理、标准创制、推广应用、技术迭代、资金投入等运行机制。鼓励创新联合体开展体制机制创新，健全经费管理办法，充分激发各方协同创新活力，形成定位清晰、优势互补、分工明确的协同创新机制。

（二）构建协作平台

构建协作平台，强化创新联合体中各创新主体之间进行有效沟通，消除创新要素在创新链上跨部门、跨领域流动的体制障碍，打通高校和院所创新人才融入企业创新链的机制堵点。聚合产学研优势力量，通过资源导入、任务延伸、目标升级打造创新联合体。

打造枢纽型创新中介平台。政府管理部门牵头，整合社会资源，面向重点发展行业领域，搭建专门的创新公共服务平台，整合不同地区、不同部门的优质资源，提供权威信息和正确引导，以减轻信息不完全和信息不对称造成的市场失灵。

构建共享平台。对于政府投资的成果，可以在平台上分享，对于企业、科研院所、社会资本共同投资产生的成果，通过该平台向社会开放，明确产权界定，创新联合体的企业按照市场规则共同使用。构建仪器设备共享平台，由创新联合体管理和使用，并依法开放共享，提高资源利用效率。

打造合作对接平台。促进产学研融通创新，畅通各类创新要素流动，加强信息沟通和经验互鉴，实现创新联合体的风险共担、收益共享，形成可持续的资源整合体和创新突破的技术利益体。

建设特色服务平台。将创新联合体与地方科技园区建设共同促进、共同结合，鼓励创新联合体各建设主体围绕优势领域建设高水平孵化机构，着力加强孵化器、众创空间向专业化、特色化发展。

建立产学研用协同攻关平台体系。鼓励创新联合体从各主体协同单位选配骨干科技人员组成跨领域、跨学科的"核心层"攻关团队，广泛调动各类科研团队和创新平台参与科研攻关，形成"紧密层"协同网络体系；通过攻关成果的推广应用，集聚各类资源，形成"大中小企业+高校科研院所"融通发展的"生态层"，形成抱团取暖的产学研用协同攻关平台体系。

（三）推动政策落实

加强规划引领，结合国家战略需求，聚焦区域重点产业发展战略需求，坚持问题导向，进一步打造支撑创新联合体发展的政策环境。

编制规划文件，提供引领作用。围绕国家科技产业发展紧迫需求和四川重点产业发展领域，制定四川创新联合体建设专项规划，编制创新联合体组建工作指南，研究制定创新联合体发展工作指引，为各类创新主体组建创新联合体提供明确指导。同时，明确联合体在推进产业技术创新、关键核心技术攻关和推进区域产业发展等方面的目标任务，为创新联合体建设和运营发展提供政策性的指引和支撑，推动其引领区域产业高质量发展。

加大政策扶持，营造创新生态。实施创新联合体建设专项政策，完善创新联合体相关的法律法规，推动企业、高校和科研院所融通创新，形成协同创新生态大格局（戴建军，田杰棠，熊鸿儒，2022）。充分发挥市场在资源配置中的决定性作用，赋予创新联合体建设主体更大的市场自主权和科研成果利益分配权，形成推进科技创新的强大合力。

丰富奖励政策，加快成果转化。支持创新联合体围绕社会发展重大需求以及重点行业领域，参与重点项目建设。加快形成有利于创新联合体的资助政策，鼓励创新联合体承担各类省级创新研发项目和重点科技基金项目，探索构建项目评审机制推荐机制，优先推荐创新联合体申报承担国家重大科技攻关项目。对于创新联合体的相关产出相关成果，实现首次应用或进行首次市场推广和产业化的，给予一定的资金或保费支持，对于重大科技创新成果，探索形成全额资金支持机制。

加大财政支持，完善金融政策。制定在项目、资金、平台、人才等方面适合四川创新联合体发展的多元化支持政策，在税收、土地、人才、科研项目等方面给予保障。完善人才激励保障，打造高水平研发队伍，支持创新联合体引进培育一批顶尖创新人才及其团队、青年科技人才，符合条件的纳入人才政策范围，采取"人才+项目"的方式给予一定的资金奖励，鼓励其开展应用基础研究、前沿技术创新、工程技术突破和跨学科跨领域交叉合作。鼓励创新联合体探索试行灵活的用人和薪酬制度，稳定并强化人才队伍，为其安心研发提供保障。完善科技金融政策，吸引产业基金、创投基金等金融资本投入，支持创新联合体开展科技攻关任务。

（四）健全考核激励

建立开放包容多元的考核体系，摒弃以往的考核办法，既要发表论文申请专利，更要实现成果转化、产业化并获得利润。采取多维度的考核，既要有经济效益，也要有社会效益。

完善创新联合体绩效评价机制。坚持质量、绩效、贡献为核心的评价导向，研究制定符合新技术研究活动规律的评价指标体系，适时对创新联合体工作开展评价，从创新联合体承担政府项目的任务执行完成情况、内部日常管理和成员单位合作情况等方面，定期对创新联合体绩效进行全面评价。明确阶段性目标，将评价结果与政策激励机制相结合，引导创新联合体聚焦提升区域发展和产业创新，提升创新发展的牵引能力。

健全创新联合体监督管理体系。有序构建信用约束机制，对于投机、毁约等行为，及对于给予相关政策或资金支持但评价不达标的创新联合体，要求按照有关管理办法整改或追回资金，纳入社会公共诚信记录，增加违规成本，强化知识产权保护机制，完善风险防范机制，降低研发合作的风险。发挥市场或第三方评价对关键核心技术攻关成果的质量评价和应用场景测试、检验的作用，让市场"阅卷"。

制定创新联合体激励补偿政策。鼓励创新联合体探索试行灵活的用人和薪酬制度，稳定并强化人才队伍，为其安心研发提供保障。在各个转化环节给予风险补偿，激发创新联合体进行成果转化及产业化、产品化的积极性。按照市场原则分享产业化带来的利润，形成市场化激励机制，促进科技创新与成果转化的市场化良性互动。

三、创新主体

（一）科技领军企业牵头

充分利用国省市政策制度，发挥企业在发现创新机遇、降低创新风险、利用市场机制、整合创新资源等方面的优势。

建立以企业牵头组建创新联合体的运行管理模式，进一步激发创新活力，更好发挥领军企业特别是科技型领军企业的牵引带动作用，支持领军企业面向国家需求，聚焦产业链关键环节和技术断点，牵头组建创新联合体开展技术攻关，全面提升区域创新效能。

建立体系化组织模式。发挥领军企业引领作用，整合各创新主体资源，协调各创新主体，以突破制约产业发展的关键核心技术为目标，有效整合产业链上中下游"政产学研金服用"等各类资源，形成体系化的组织方式（彭顺昌，2023）。领军企业可以利用自身市场份额较大、研发体系较为完善、研发资金较为充裕、标准制定等优势，对接高校、科研院所，提高科技创新和科技创新成果转化的效率。

建立健全研发机制。强化创新联合体组建企业的内部管理，提升企业技术研发与创新能力。建立以市场为导向的创新驱动机制，提升企业技术研发能力、创新能力、管理能力。增强企业的创新组织与管理能力，构建高素质创新管理人才队伍，培育一批在关键核心技术、知识产权、品牌影响力、市场占有率等方面具有显著优势的龙头企业。

发挥市场机制优势。鼓励企业组建创新联合体申报各类创新基金，参与国家级、省级科技创新项目，争取政策支持和资金扶持，为技术创新提供保障。发挥企业既是"出题人"又是"阅卷人"的作用，发挥企业作为科研攻关方向的引导作用，促进高校、院所等各类创新主体围绕牵头企业开展协同创新工作。

(二）高等学校驱动

以基础研究和人才培养为主要功能的高校是创新联合体建设的骨干主体和重要支撑，要积极引导高校围绕企业提出的创新需求特别是行业和产业重大技术需求，组织跨学科、跨专业的协同攻关，促进基础研究、应用研究与产业化融合融通。充分调动高校科技创新资源、教育资源，为创新联合体提供智力支撑、人才支撑、技术支撑，实现政校深度合作、校内学科交叉、校际交流合作、校企产学研协同创新的创新联合体。

建设高校协同创新体系。鼓励高校积极参与创新联合体建设，设立"双总师"制度，由牵头企业具备较强的团结协作和组织决策能力的负责人担任行政总师，聘任学术造诣高、熟悉产业发展、在行业有较高影响力的首席科学家担任技术总师，共同开展基础研究、应用研究，促进产学研用深度融合，提高技术创新能力和水平。发挥高校基础研究深厚、人才资源丰富、学科交叉融合的优势，支持高校围绕企业需求开展科技攻关，推动科技成果转化和应用，提高科技成果的转化率和应用效果。

建立产学研深入合作互动机制。进一步深化产教融合、校企合作，实现内涵式发展。创新联合体主要成员单位共同成立领导小组，全面负责创新联合体组建与科技攻关实施重大事项的决策，协调推进重大事项，研究解决重大问题。同时，发挥高校在创新联合体中创新供给的职能，充分考虑区域创新发展水平和发展阶段的差异，因地制宜地发挥高校的创新驱动作用（许学国，吴鑫涛，2023），探索构建高校深度参与的区域性创新联合体，进而培育区域性国家战略科技力量。

强化高校人才输出支撑。鼓励高校在参与创新联合体建设发展过程中培育复合型人才，加强产学研用结合的人才培养，对接产业需求，优化高校学科布局，引导和鼓励高校把解决企业技术难题和培养后备队伍充分结合起来，促进学科发展与产业发展的协同运转。推动高校优化学科专业布局，及时合理地设置交叉学科、新兴学科并调整专业结构，加强面向行业重大技术需求的人才输出。

（三）科研院所赋能

深入实施创新驱动发展战略，聚焦国家战略需求、聚焦区域产业发展，依托四川众多科研院所，赋能创新联合体建设，充分发挥科研院所优势科技力量，有组织地开展前沿交叉融合研究。

建立资源共享机制。引导科研院所向创新联合体开放品牌、设计研发能力、仪器设备、试验场地等各类创新资源要素，共享产能资源。积极开放科研院所的工程技术中心、重点实验室等科研平台，为创新联合体各方单位技术研发提供实验和试制平台。

搭建协作互动体系。强化科研院所与高校、企业等各主体间的协作互动，着力推进研发转化与产业化进程，探索成果研发转化产业化的新体制，形成具有生态化、体系化、整合化能力的创新联合体。

构建成果转化机制。推动创新联合体转化各类科技成果，依托创新联合体建立成果项目库、数据库，面向社会开放，完善科研成果供需双向对接机制，强化技术支持、优化人才保障、推动多方协同，促进产业升级，提升产业链整体发展水平。

建立开放创新合作机制。构建创新联合体与行业协同互动机制，各类创新资源面向行业开放共享，吸纳一定比例的不同科研院所和企业参与，带动行业创新发展。加强对国内外科技创新发展的跟踪分析，通过共建联合研发中心、人才引进、参股并购、专利交叉许可等形式，充分融入国内外创新网络。

（四）中介机构协作

创新联合体的良性运行离不开科技中介服务组织和平台所提供的各类服务，增强创新资源整合能力和创新要素汇聚能力，加快实现区域产业链、创新链、资金链、人才链、服务链的融合，鼓励中介机构参与创新联合体的协作共建，动员更多科技力量，聚合更广大的创新资源。

完善中介服务体系。提升科技中介组织的创新服务能力，打造"标准化、智能化、规范化、便利化、专业化"的中介服务综合性服务体系，推动更多科技中介服务机构参与创新联合体建设。创新科技中介机构在创新联合体中的服务模式，从技术、信息、咨询、人才、融资、法律、会计和知识产权等多个领域，逐步建立和完善市场化的服务机制。

培育专业化科技服务机构。积极培育社会化、专业化、国际化的中介服务机构，支持和鼓励各类中介服务机构加强专业能力和专业人才队伍建设，提供优质服务，提升服务水准，真正成为创新联合体建设的催化剂和助推器。依托专业化中介机构，围绕产业链关键环节，形成需求牵引创新、市场反哺创新的闭环。

搭建创新联合体管理交流平台。打造枢纽型创新中介平台，政府管理部门牵头，整合不同地区、不同部门的社会资源，搭建专门的创新公共服务平台，依托专业机构和专家力量，为创新联合体充分利用各种资源进行提供权威信息和正确引导。依托各类行业协会或中介服务机构，策划开展包括企业创新管理论坛、沙龙、头脑风暴等各类活动，引导更多的企业关注、重视、学习，实践创新管理。

第三节　本章小结

本章结合前文的实证分析，从综合角度分析了我国创新联合体建设政策制度的设计原则，并提出了政策建议。注重优化组织机制和治理模式六大原则，我国推动创新联合体建设要自上而下，建立一套成体系、成系统的政策制度：一是在国家层面要强化顶层设计、大力推进部委会商、加大政策支持、健全法律保护、以央企为试点先试先行；二是在省市层面要强化制度供给、构建协作平台、积极推动政策落实、健全考核激励；三是在创新主体层面要以科技领军企业牵头，高等学校和科研院所驱动赋能，充分吸纳社会各中介机构参与协作，从而构建以政府为主导，以企业为主体，国家布局、省市协同、主体参与的创新联合体。

参考文献

白春礼, 2021. 强化国家战略科技力量 [J]. 中国人大, 07: 29-31.

白京羽, 刘中全, 王颖婕, 2020. 基于博弈论的创新联合体动力机制研究 [J]. 科研管理, 41 (10): 105-113.

曹纯斌, 赵琦, 2022. 创新联合体组建路径与推进模式探析 [J]. 科技中国, 03: 26-29.

陈晨, 徐彦尧, 葛亮, 周峰, 2022. 长三角示范区创新联合体构建模式与对策研究 [J]. 老字号品牌营销, 24: 37-39.

陈晶, 2022. 苏州引导企业牵头组建创新联合体的路径 [J]. 江南论坛, 03: 47-50.

陈劲, 2018. 关于构建新型国家创新体系的思考 [J]. 中国科学院院刊, 33 (5): 479-483.

陈劲, 2022. 创新管理新思考: 从开放到整合 [J]. 北京石油管理干部学院学报, 29 (4): 75-75.

陈劲, 尹西明, 梅亮, 2017. 整合式创新: 基于东方智慧的新兴创新范式 [J]. 技术经济, 36 (12): 1-10.

陈劲, 阳银娟, 刘畅, 2020. 融通创新的理论内涵与实践探索 [J]. 创新科技, 20 (02): 9.

陈劲, 朱子钦, 2021. 探索以企业为主导的创新发展模式 [J]. 创新科技, 21 (05): 1-7.

蔡姝雯, 2021. 省农科院集结52个团队启动六大创新联合体建设, 加快构建创新联合体，江苏先行先试［N］. 新华日报，2021-06-23（11）.

蔡笑天，2023. 关键核心技术攻关与新型举国体制［J］. 科技中国，04：3.

戴建军，田杰棠，熊鸿儒，2022. 组建创新联合体亟需新机制［J］. 科技中国，11：1-4.

樊春良，李哲，2022. 国家科研机构在国家战略科技力量中的定位和作用［J］. 中国科学院院刊，37（05）：642-651.

高菲，王峥，王立，2023. 新型举国体制的时代内涵、关键特征与实现机理［J］. 中国科技论坛，01：1-9.

郭菊娥，王梦迪，冷奥琳，2022. 企业布局搭建创新联合体重塑创新生态的机理与路径研究［J］. 西安交通大学学报（社会科学版），42（01）：76-84.

葛爽，柳卸林，2022. 我国关键核心技术组织方式与研发模式分析——基于创新生态系统的思考［J］. 科学学研究，40（11）：2093-2101.

环球网. 2022年我国研发经费投入突破3万亿元［EB/OL］.［2023-01-23］. https://baijiahao.baidu.com/s? id = 1755765456868073928&wfr = spider&for = pc.

胡旭博，原长弘，2022. 关键核心技术：概念、特征与突破因素［J］. 科学学研究，40（01）：4-11.

胡志平，2023. 如何从制度上落实企业科技创新主体地位［J］. 中国中小企业，06：1.

贾宝余，董俊林，万劲波，曹晓阳，2022. 国家战略科技力量的功能定位与协同机制［J］. 科技导报，40（16）：55-63.

李春成，郭海轩，2021. 加强科技经济融合组织创新，建设创新联合体［J］. 安徽科技，01：4-7.

李晋章，张虎翼，薛雷，2022. 基于创新型领军企业建设创新联合体的模式探析［J］. 科技促进发展，18（03）：360-366.

路风，何鹏宇，2021. 举国体制与重大突破（二）——以特殊机构执行和完成重大任务的历史经验及启示［J］. 经济导刊，08：16-22.

刘慧，2019. 区域创新能力评价体系构建研究——基于国家自主创新示范区指标分析 [J]. 创新科技，19（01）：14-18.

刘戒骄，方莹莹，王文娜，2021. 科技创新新型举国体制：实践逻辑与关键要义 [J]. 北京工业大学学报：社会科学版，5.

刘乐明，2023. 演进·势能·路径：新型举国体制助推中国式现代化的逻辑理路 [J]. 求索，02：144-149.

陆园园，2020. 加快培育创新型领军企业 [N]. 国务院国有资产监督管理委员会，http://www. sasac. gov. cn/n2588025/n2588134/c15239571/content.html.

柳卸林，王倩，2021. 创新管理研究的新范式：创新生态系统管理 [J]. 科学学与科学技术管理，42（10）：20-33.

柳卸林，杨培培，王倩，2022. 创新生态系统——推动创新发展的第四种力量 [J]. 科学学研究，40（06）：1096-1104.

马宗国，2013. 开放式创新下研究联合体运行机制研究 [J]. 科技进步与对策，30（4）：8-12.

马宗国，范学爱，2022. 基于研究联合体的国家自主创新示范区企业转型升级评价——2016—2020 年 1 827 家上市公司的实证分析 [J]. 科技进步与对策，39（14）：23-33.

彭顺昌，2023. 深化创新分工构建高水平创新联合体 [J]. 厦门科技，03：3-7.

沈慧. 创新联合体如何落地发力 [EB/OL]. https://baijiahao. baidu. com/s？id=1693075022748420461&wfr=spider&for=pc.

申楠. 科技部：2022 年企业研发投入占全社会研发投入已超过 75% [EB/OL].［2023-02-25］. https://baijiahao.baidu.com/s？id=1758772167833675616&wfr=spider&for=pc.

时斓娜. 我国发明专利产业化率近 5 年稳步提高 [EB/OL].［2022-12-30］. https://baijiahao. baidu. com/s？id = 1753594846977868591&wfr = spider&for=pc.

唐军，蓝志威，2022. 融合"政产学研用金"各类要素打造战略产业创新联合体［J］.广东经济，12：6-11.

托马斯·库恩，2021.《科学革命的结构》.北京：北京大学出版社，11（2）：8.

万劲波，张凤，潘教峰，2021.开展"有组织的基础研究"：任务布局与战略科技力量［J］.中国科学院院刊，36（12）：1404-1412.

王嘉旖，2023.创新联合体"联而不合"如何破解？［N］.文汇报，01.

王巍，陈劲，尹西明等，2022.高水平研究型大学驱动创新联合体建设的探索：以中国西部科技创新港为例［J］.科学学与科学技术管理，43（04）：21-39.

吴晓波，张馨月，沈华杰，2021.商业模式创新视角下我国半导体产业"突围"之路［J］.管理世界（3）.

许晨曦，孟大虎，2023.国有企业协同创新的内在逻辑、模式构建与行动策略［J］.求是学刊，02：81-91.

邢怀滨，2021.中国特色社会主义进入新时代，党领导科技事业开创全面创新发展新局面［J］.经济与管理科学，08：12-17.

徐海龙，陈志，2022.创新联合体建设的地方实践、关键问题及政策建议［J］.科技中国，11：15-19.

习近平，2018.提高关键核心技术创新能力 为我国发展提供有力科技保障［N］.人民日报，2018-07-14（01）.

习近平，2021.在中国科学院第二十次院士大会、中国工程院第十五次院士大会、中国科学技术协会第十次全国代表大会上的讲话［N］.2021-05-29（02）.

许学国，吴鑫涛，2023.产学研协同模式下关键核心技术创新演化与驱动研究［J］.科技管理研究，04：1-11.

肖自强，王愿华，2021.南京支持企业组建创新联合体的路径初探［J］.安徽科技，09：22-24.

游光荣，蒋金利，2023.新型举国体制的特征、分析框架与实施路径［J］.科技导报，41（06）：6-12.

杨浩昌，丁宇，李廉水，何益欣，2021. 制造业高质量发展水平动态评价及其比较 [J]. 统计与决策，37（15）：78-81.

杨娟，段军山，202. 中国区域经济协调发展水平测度与动态演进分析，统计与决策 [J]. 10.13546/j.cnki.tjyjc.2023.12.021.

尹西明，陈劲，海本禄，2019. 新竞争环境下企业如何加快颠覆性技术突破？——基于整合式创新的理论视角 [J]. 天津社会科学，05：112-118.

尹西明，陈泰伦，陈劲，2022. 面向科技自立自强的高能级创新联合体建设 [J]. 陕西师范大学学报（哲学社会科学版），51（02）：51-60.

尹圆圆，2019. 基于研究联合体的开放式创新生态系统运行机制研究 [D]. 济南大学.

中国桥网. 官方：截至 2022 年年底，我国国内拥有有效发明专利企业 35.5 万家 [EB/OL]. [2023-01-16]. https://baijiahao.baidu.com/s？id=1755154650601620511&wfr=spider&for=pc.

中国石油大学科学技术处. 中国石油测井校企协同创新联合体揭牌成立 [EB/OL]. [2020-06-04]. https://www.cup.edu.cn/news/sx/82975fff79684bc4b358f37dd15d990a.htm.

中华人民共和国国民经济和社会发展第十四个五年规划和 2035 年远景目标纲要 [EB/OL]. [2021-03-13]. www.gov.cn/xinwen/2021-03/13/content_5592681.htm.

中华人民共和国科学技术进步法（2021 年修订）[EB/OL]. [2021-12-24]. https://www.most.gov.cn/xxgk/xinxifenlei/fdzdgknr/fgzc/flfg/202201/t20220118_179043.html.

中央经济工作会议，2020. 中央经济工作会议在北京举行 [N]. 人民日报，2020-12-19（01）.

张赤东，彭晓艺，2021. 创新联合体的概念界定与政策内涵 [J]. 科技中国，06：5-9.

朱国军，王修齐，张宏远，2022. 智能制造核心企业如何牵头组建创新联合体——来自华为智能汽车业务的探索性案例研究 [J]. 科技进步与对策，39（19）：12-19.

周光礼，姚蕊，2023. 有组织科研：美国科教政策变革新趋势——基于《无尽的前沿：未来 75 年的科学》的分析［J］. 清华大学教育研究，44（02）：12-20，138.

朱焕焕，陈志，苏楠，2023. 推动我国企业成为创新"能力主体"［J］. 科技中国，02：50-54.

赵倩倩，马宗国，2021. 国家自主创新示范区创新生态系统运行机制构建［J］. 科技管理研究，41（02）：9-15.

周欣，许柏松，等，2020. 常州市高校产学研合作创新联盟建设的实践与思考［J］. 江苏科技信息，07：8-12.

周岩，赵希男，冯超，2021. 基于横纵技术溢出的创新联合体合作研发博弈分析［J］. 科技管理研究，17：57-68.

尊重基础研究人才成长规律. 中关村人才协会［EB/OL］.［2023-07-06］. https：//mp. weixin. qq. com/s？__biz＝MjM5NjcwNzk3Mw＝＝&mid＝2651524731&idx＝2&sn＝945d5710fdabddd3e221661f3bd8f0f8&chksm＝bd1a85918a6d0c87e20b70fa4a419f237d08c2d1b7c0c22862e31041932678655999d8f991e6&scene＝27.

ADNER R，2017. Ecosystem as structure：An actionable con-struct for strategy［J］. Journal of Management，43（1）：39-58.

ASPREMONT D，1988. Cooperative and Noncooperative R&D in a Duopoly with Spillovers［J］. American Economic Review，78：1133-1137.

CROW M M，BOZEMAN B L，1998. Limited by Design：R&D Laboratories in the U. S. National Innovation System［M］. New York：Columbia University Press.

JACOBIDES M G，CENNAMO C，GAWER A 1，2018. Towards a theory of ecosystem［J］. Strategic Management Journa，39（8）：2255-2276.

SCHUMPETER J A，1912. Theory of Economic Development［J］. Cambridge，MA：Harvard University Press.